JN063561

コロナ禍の食と農

内藤　重之　編著

筑波書房

はしがき

新型コロナウイルス（COVID-19、以下「新型コロナ」）は私たちの生命や健康に大きな脅威を与えている。また、それだけにとどまらず、その感染防止対策として学校の休校や外出・会食の自粛、出入国の制限、飲食店等への営業活動やイベント開催の自粛要請などが行われたが、これらは私たちの生活や社会・経済活動に多大な影響を及ぼしている。なかでも外出や会食の自粛、飲食店における営業の自粛や制限などは、私たちの食生活や食料消費行動に大きな影響を与えた。また、外出の自粛や出入国の制限などによって観光需要や外食需要が大きく落ち込んでおり、観光産業や外食産業はもとより、農業・農村も影響を受けている。これまで安価な食料・農産物の輸入が増大するなかで、わが国の農業・農村は安全・安心で高品質な農産物の生産・供給や６次産業化、農商工連携による高付加価値化、都市農村交流による地域活性化の取組などに活路を見出してきたが、これらに取り組む農業者や農村も大きな影響を受けている。とりわけ観光需要や外食・イベント需要の大きい農産物や加工品を生産する産地・生産者、６次産業化の取組のなかでも農家レストランや農泊、観光農園など都市農村交流ビジネスを展開する農業者などへの影響が大きいと考えられ、農村経済へも影響が及んでいる地域が少なくない。

そこで、本書は新型コロナの感染拡大による食生活・食料消費の変化について把握するとともに、わが国有数の観光地である沖縄県を事例として、観光・外食需要や交流機会の減少が農業・農村に与える影響とそれらへの対応策について明らかにすることを目的としている。

本書の構成は次のとおりである。

まず、第１章では総論として新型コロナ感染拡大の経緯とそのもとでの世界の食料・農産物をめぐる状況およびわが国の社会・経済への影響について概要を整理している。

第２章と第３章では新型コロナ禍における食料消費の変化について明らかにしている。第２章では総務省「家計調査」のデータを用いて全国における都市階級別、世帯形態別、世帯主年齢階層別に新型コロナ禍による食料消費支出の変化を分析している。また、第３章では関東地方の子育て世帯を対象として、新型コロナの感染拡大期であった2020年４～５月と流行が継続した2021年３～５月における食生活の変化を明らかにしている。

第４章では新型コロナ禍の当初から2021年度までの農業分野における国の新型コロナ関連対策について整理するとともに、第５章以降で取り上げる沖縄県を事例として農業分野に関する支援策についてまとめている。

そして、第５章以降ではわが国有数の観光・リゾート地であり、新型コロナ禍に伴う観光客の減少によって大きな影響を受けている沖縄県を事例として、農業・農村における新型コロナ禍の影響とその対応について実態調査に基づいて明らかにしている。

そのなかでも第５～８章では６次産業化に取り組む事業体における新型コロナ禍の影響とその対応についてみている。まず、第５章では６次産業化の全体像を把握するとともに、沖縄県内でもとくに大きな影響を受けている離島において加工・直売、農家レストラン、体験農園に取り組む３法人の事例を対象として明らかにしている。また、第６～８章では６次産業化の取組のなかでも事業形態が異なる観光農園、農泊、農産物直売所の取組について検討している。

第９章では沖縄県の観光土産として定着している紅イモ菓子の製造業者と紅イモ生産者との農商工連携の取組について事例分析を行っている。

さらに、第10章では観光客が激減した影響を大きく受けている八重山地域の石垣牛を事例として、和牛産地への影響とその対応について明らかにしている。

最後に、終章において総括を行い、ポストコロナ社会の食料・農業・農村をめぐる課題と展望について考察している。

本書は調査研究の成果をとりまとめたものであるが、研究者や学生はもとより、新型コロナ禍で影響を受けている農業者や食品関連事業者、その対策に当たっている行政や農協の職員などを読者として想定して執筆したつもりである。本書が多くの人々に読まれ、新型コロナ禍による食料・農業・農村への影響の実態把握やウィズコロナ・アフターコロナの展開方策のほか、今後起こりうる不測の事態への対応に関して、多少なりとも参考になれば望外の幸せである。

編著者　内藤 重之

目　次

第１章

世界の食料・農産物と日本の社会・経済への影響

１．はじめに

新型コロナ感染症は2020年に入ってパンデミック（世界的な大流行）の状況となり、その後も長期間にわたって世界の経済・社会に著しい影響を及ぼしてきた。生活必需品である食料・農産物については一部の国において輸出規制が行われるとともに、ロックダウン（都市封鎖）や移動制限、感染者の発生等による食品工場の閉鎖、航空便の減便やコンテナの不足による物流の遅れなどサプライチェーンが混乱した。わが国においても学校の休校や外出の自粛、出入国の制限、営業活動の自粛要請などの感染防止対策がとられ、社会・経済に大きな影響が生じた。

本章では新型コロナ感染拡大の経緯とそのもとでの世界の食料・農産物をめぐる状況およびわが国の社会・経済への影響について概要を整理することにしたい。

２．新型コロナ感染拡大の経緯

2019年末に中国湖北省武漢で発生した新型コロナは2020年に入りアジアや欧米諸国などに急速に拡大し、WHO（世界保健機関）は１月31日に緊急事態を宣言した。このようなパンデミックの状況のもと、多くの国や地域において外出や出入国の制限、営業・生産活動の停止措置などの感染防止対策がとられた。

日本国内では2020年１月16日に神奈川県内で初の感染症例が確認され、２

月以降には大都市や観光地で感染者が続出し、感染拡大の第１波を迎えた。その後、新型コロナ感染者数は収束と拡大を繰り返し、同年７～８月を中心に第２波、同年末から2021年の年始をピークとする第３波、同年４～５月を中心とする第４波、同年７～９月をピークとする第５波、2022年の年始から２月をピークとする第６波に見舞われている（**図1-1**）。

このような感染拡大に対し、政府は新型インフルエンザ等対策特別措置法に基づいてこれまで緊急事態宣言の発出を繰り返してきた。緊急事態宣言は全国的かつ急速なまん延を抑えるための対応として原則、都道府県単位で発出されるが、最初の宣言は2020年４月７日に東京、神奈川、埼玉、千葉、大阪、兵庫、福岡の７都府県を対象に発出され、４月16日にはその対象が全国に拡大された。適用期間は当初、５月６日までとされたが、一度延長され、５月25日に北海道と首都圏１都３県の宣言を解除することにより終了した。

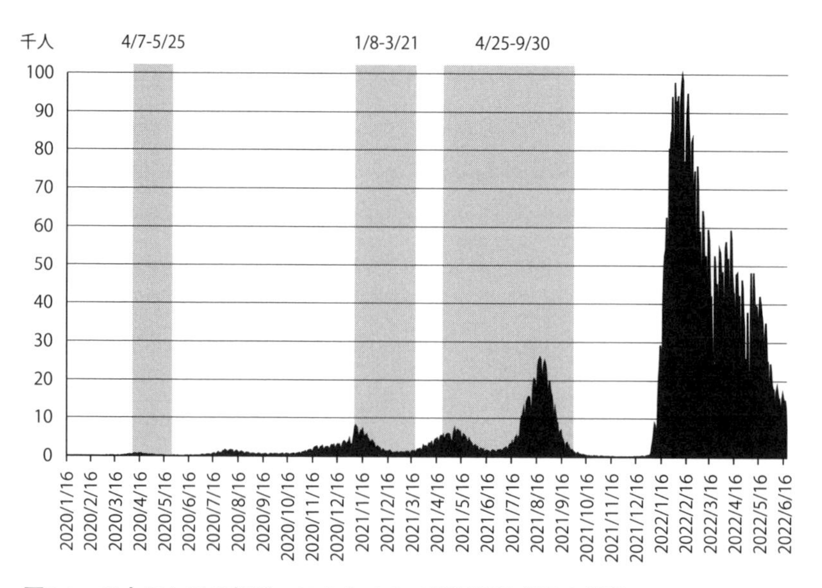

図1-1　日本における新型コロナウイルス新規陽性者数の推移

資料：厚生労働省「データからわかる－新型コロナウイルス感染症情報－」等より作成。

注：シャドー部分は政府による緊急事態宣言がいずれかの都道府県に発出されていた期間を示す。

この間、政府は国民に外出自粛を要請するとともに、飲食店やデパートなどへの休業要請、学校・大学の休校措置とオンライン授業の推進、テレワークの奨励のほか、各種イベントの自粛要請などを行い、社会・経済活動は大幅に制限された。

第２波では緊急事態宣言は発出されず、感染が広がった地方自治体において酒類を提供する飲食店やカラオケ店などに対する営業時間の短縮要請が行われた。また、７月22日には政府の観光支援事業「Go Toトラベル」が東京都発着分を除いて開始され、10月１日から東京都発着分が追加された。さらに、同日から飲食店とそこに食材を供給する農林漁業者を支援する「Go To Eatキャンペーン」も開始された。しかし、11月には東京都や北海道で新型コロナの感染者が増加し、第３波を迎えたことから、11月24日以降、食事券の新規発行の一時停止や利用自粛の呼びかけが行われることとなり、「Go To トラベル」についても12月14日に年末以降の一時停止が決定された。

２度目の緊急事態宣言は2021年１月７日に首都圏１都３県に発出されたが、１月14日には栃木、愛知、岐阜、京都、大阪、兵庫、福岡の７府県にも対象が拡大された。それらの適用期間は２月７日までであったが、２月２日に栃木県を除く10都府県の３月７日までの延長が決定され、首都圏４都県はさらに２週間延長された。措置の中心は営業時間の短縮要請に応じた飲食店などに対する協力金の支給である。また、この間の２月２～28日に沖縄県から独自の緊急事態宣言が発出された。

３度目の緊急事態宣言は2021年４月25日～５月11日まで東京、京都、大阪、兵庫の４都府県に発出されたが、５月12日に愛知県、福岡県、16日に北海道、岡山県、広島県、23日に沖縄県がそれぞれ追加され、６月20日まで延長された。しかし、沖縄県の緊急事態宣言はその後も延長されるとともに、７月12日から東京都、８月２日から埼玉、千葉、神奈川、大阪の４府県、20日から茨城、栃木、群馬、静岡、京都、兵庫、福岡の７府県、27日から北海道、宮城、岐阜、愛知、三重、滋賀、岡山、広島の８道県がそれぞれ追加され、９月30日にようやく終了した。

さらに、緊急事態宣言が発出されていない期間や地域でも特定地域からのまん延を抑えるための対応として原則、区画や市町村単位の範囲で発出されるまん延防止等重点措置が適用された。とくにオミクロン株によって第６波を迎えた2022年１月には９日から広島、山口、沖縄の３県、21日から群馬、埼玉、千葉、東京、神奈川、新潟、岐阜、愛知、三重、香川、長崎、熊本、宮崎の13都県、27日から北海道、青森、山形、福島、茨城、栃木、長野、石川、静岡、京都、大阪、兵庫、島根、岡山、福岡、佐賀、大分、鹿児島の18府県、２月５日から和歌山県、同月12日から高知県がそれぞれ適用された。沖縄のほか、山形、島根、山口、大分の５県については２月20日に、福島、新潟、長野、三重、和歌山、岡山、広島、高知、福岡、佐賀、長崎、宮崎、鹿児島の13の県については３月６日に、残る18都道府県についても３月21日に解除された。

ただし、その後も新型コロナの新規陽性者数は多い状況が続き、とくに沖縄県では５月に入ってからも過去最高を記録する日が何日もみられた。その沖縄県でも５月最終週（29日）からは新規陽性者数が１万人/週を下回るようになっており、全国的に感染状況は落ち着きをみせている。

このようななかで、政府は６月１日から新型コロナの水際対策を大幅に緩和するなど、経済回復に向け、ウィズコロナへ大きく舵を切っている。

３．世界における食料・農産物をめぐる動き

１）農産物輸出国における輸出規制

国際分業により国境を越えるサプライチェーンが形成されるなかで、新型コロナの感染拡大を抑えるために、多くの国が移動制限やロックダウンを行ったことから、世界的にサプライチェーンの途絶が生じるとともに、ロックダウンの対象となった都市では食料の「パニック買い」が起こり、市民による暴動が発生する事態も生じた。そこで、2020年３月31日にWHO・FAO（国連食糧農業機関）・WTO（世界貿易機関）の各事務局長による共同声明が出

され、新型コロナが食料貿易・市場に与える影響を緩和するためには結束が必要であるとの呼びかけがなされた。それにもかかわらず、2020年度には19カ国が生活必需品である食料・農産物の輸出規制を行った（農林水産省, 2021a）。たとえば、穀物の輸出大国であるロシアは2020年４月１日～６月30日まで小麦、ライ麦、大麦、トウモロコシの４品目の穀物についてユーラシア経済連合[1)]域外への輸出数量を制限するとともに、2021年２月からは同４品目を対象として輸出関税割当制度を適用するなどの措置を行った（長友, 2021）。同じく穀物等の輸出国であるウクライナも３月30日～６月30日まで小麦の輸出枠を設定するとともに、４月２日～７月１日までソバの実を輸出禁止とし、さらに８月17日～ 2021年６月30日までライ麦の輸出枠を設定した。アジアでも世界第３位の米輸出国であるベトナムが４月10 ～ 30日に米の輸出枠を設定して輸出を制限し、それに伴って米の国際価格が高騰した（農林水産省, 2021a）。

また後述するように、新型コロナ禍によるサプライチェーンの混乱に端を発し、世界的に食料価格が高騰していたが、それにロシアのウクライナ侵攻が拍車をかけたことから､多くの国が食料の輸出規制を導入した。IFPRI（国際食糧政策研究所）によると、侵攻後にインドやマレーシア、アルゼンチンなど20カ国以上が主要な食料の輸出制限に踏み切った（日本経済新聞電子版、2022）。

２）物流および産地への影響

新型コロナの感染拡大に伴って2020年３月頃から各国において空港が閉鎖されたり、旅客便・貨物便が大幅に減便されたりし、生鮮食料品や切花の輸送に大きな影響を及ぼした。その後、航空各社は旅客機を貨物便に振り替えるなどして貨物輸送を増強したが、運賃の上昇が続いた。また、海上輸送についても新型コロナの影響による労働力不足やロックダウンなどによって一部の港湾での荷役が遅延し、コンテナが滞留してコンテナ船の遅延や減便が生じるとともに、輸送費が上昇した。

新型コロナの感染拡大に伴う食品工場の閉鎖や感染防止対策、ロックダウンや移動制限などは、食料・農産物の輸出国における生産・出荷にも大きな影響を及ぼした。わが国の輸入に大きな影響を与えた事例だけをみても次のようなものがある。中国では玉ねぎの収穫や輸送、加工に遅れが生じ、わが国の輸入量が2020年２月上旬には平年の１割程度にまで減少し、価格の上昇を招くとともに、皮むき玉ねぎの品薄により業務需要者に大きな影響が及んだ。中国では2022年３月以降も上海市をはじめ、各地でロックダウンが行われた影響によって輸出が減少し、北海道の不作とも相まってわが国の玉ねぎ価格が高騰している。フィリピンではロックダウンによるバナナの生産現場等での作業が遅延し、わが国の輸入量が2020年４月第１週には平年の７～８割程度に減少し、「巣ごもり需要」による需要増もあってバナナが品薄となった（農林水産省，2021a）。また、米国では多くの食肉加工場や食品工場において新型コロナの感染が拡大し、工場の閉鎖を余儀なくされたり、感染防止対策として従業員の間隔を確保するため、稼働率が低下したりしたことから、わが国の牛肉輸入などにも影響が及んだ。さらに、タイでは2021年４月以降、食品工場150カ所以上で感染が確認され、加工済み鶏肉の日本への輸出は2021年８月に急激に落ち込み、金額ベースで前年同月と比べて29％減少したという（NHKニュースウェブ，2021）。

このような新型コロナ禍によるサプライチェーンの混乱や新型コロナ禍により停滞していた経済の再開とそれに伴う飼料需要の急増、投機マネーの流入などによって世界的に食料価格が高騰しており、FAOが発表する世界の食料価格指数（2014～16年=100）は2020年５月には91.1であったものが、2022年２月には141.1と2011年２月以来過去最高となった。これにロシアのウクライナ侵攻が拍車をかけ、３月には159.7にまで高まっている。

わが国では2020年３月の一斉休校や４月からの緊急事態宣言の期間には米やパスタ、小麦粉やホットケーキミックス等が一時店頭で欠品や品薄となる事態が生じたものの、米や小麦の備蓄のほか、生産者、流通業者を含む食品関連事業者の懸命な努力などにより、食料流通に大きな混乱はなかった。とくに国産の農林水産物については気候変動による影響を除くと、価格も比較的落ち着いていた。しかし、わが国の食料自給率は37％にすぎず、多くの食料を輸入に頼っていることから、国際価格の高騰だけでなく、円安や燃油価格の高騰の影響も加わって、2021年後半以降、食品の値上げが続いている。

４．全国における新型コロナ禍の影響

１）日本経済全体への影響

2019年10月に消費税率が引き上げられ、落ち込んでいた個人消費は2020年に入ってやや持ち直す動きがみられるようになっていた。しかし、新型コロナ禍による外出自粛や営業制限などに伴って個人消費が減少するとともに、世界的な経済の落ち込みに伴って輸出が減少し、インバウンド需要もほぼ消滅してわが国の景気はきわめて厳しい状態に陥った。このような状況を受けて、**図1-2**に示すとおり四半期ごとの国内総生産（実質GDP）は2020年４～６月期には前期比△7.9％と1980年以降で最大のマイナスとなった。

１度目の緊急事態宣言が終了した2020年５月末以降、社会・経済活動が再開されるなかで、わが国の景気は回復傾向を示し、７～９月期の実質GDP成長率は5.3％とプラスに転じた。とはいえ、感染症の影響は根強く、４～６月の落ち込み幅の３分の２程度の回復幅にとどまった。10月からは「Go Toトラベル」に東京都発着分が追加され、「Go To Eatキャンペーン」も開始されたが、11月以降には新型コロナの感染が拡大し、10～12月期の実質GDP成長率は1.8％にとどまっている。さらに、2021年についても断続的な感染拡大とそれに伴う緊急事態宣言やまん延防止等重点措置により、わが国の実質GDPは依然として停滞しており、2019年の水準に戻っていない。

2009年のリーマンショックを契機とする経済危機はほぼすべての業種に大きな影響を及ぼしたが、今回の新型コロナ危機は業種によって影響のばらつきが大きく、とりわけ外食産業や観光産業など対面型のサービス産業に甚大な影響を及ぼしている。

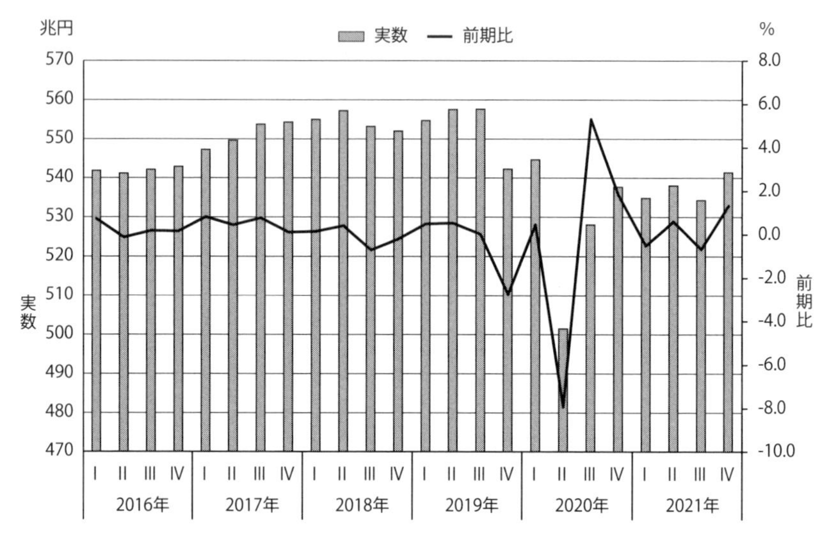

図1-2　日本における実質GDPの推移

資料：内閣府「国民経済計算」（2021年10-12月期 1次速報値）より作成。
注：1）季節調整済み。
　　2）Iは1〜3月期、IIは4〜6月期、IIIは7〜9月期、IVは10〜12月期を示す。

2）家計消費への影響

図1-3は全国の２人以上世帯における食料・農産物と旅行関係の消費支出額について2017〜19年平均の同月を100とした場合の指数を示したものである。これによると、新型コロナの感染が拡大し始めた2020年２月には国内パック旅行への支出額が大幅に減少し、翌３月には宿泊料と外食費も大きく落ち込んだ。政府により１度目の緊急事態宣言が発出された４〜５月にはそれがさらに顕著となり、国内パック旅行費と宿泊料の指数はともに１桁、外食の指数も40にまで低下した。その後、これらは新型コロナ感染者数の一時的な減少や「Go To キャンペーン」の実施などにより回復傾向を示したが、感染拡大の第３波に見舞われた年末以降には再び大きく落ち込んだ。2021年にもこのような状況が続き、感染者数が少なかった10月以降にはかなり回復がみられ、外食は90前後、宿泊料は12月には100を超えたが、国内パック旅

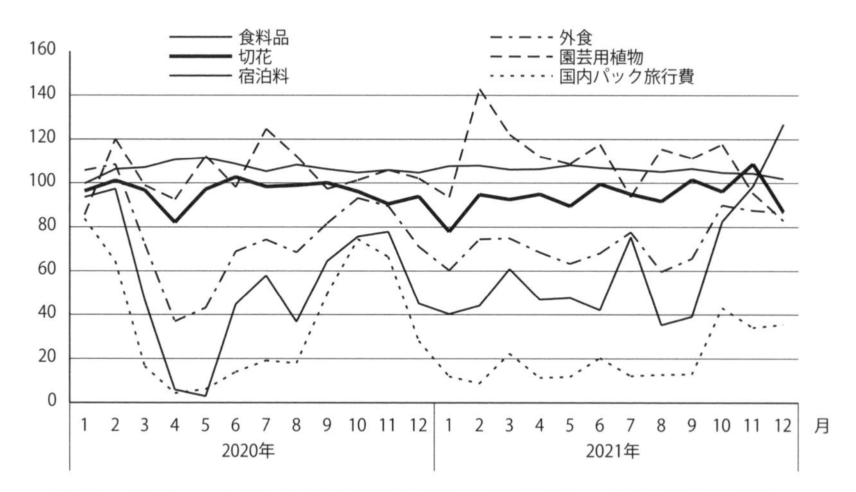

図1-3　新型コロナ禍における消費支出額の推移（2017-19年平均同月比）

資料：総務省「家計調査」（全国・2人以上の世帯）より作成。
注：2017〜19年平均同月を100とした場合の指数。

行費は依然として40前後にとどまっている。

この間の食料･農産物への消費支出額をみると、いわゆる「巣ごもり需要」によって食料から外食を差し引いた食料品（飲料・酒類を含む）への消費支出額は2021年10月まで105～111と一貫して2017～19年平均を上回っている。花きについては切花、園芸用植物（鉢物等）ともに新型コロナの感染拡大期には100を下回っているが、切花はその減少幅が大きく、全体としてマイナスであるのに対して、園芸用植物はその減少幅が小さいだけでなく、100を上回っている月が多く、全体としてプラスになっており、明暗が分かれている。

これらのことから、外食店やホテルでの需要、観光土産の原料としての需要が大きい高級食材や地域特産品、切花などは新型コロナ禍によるマイナスの影響を大きく受けているのに対して、いわゆる「巣ごもり需要」や「おうち時間」の増大によって需要が高まった家庭用の食料品や園芸用植物はプラスの影響を受けていると考えられる。

ところで、**図1-4**から全国の２人以上世帯におけるインターネットを利用

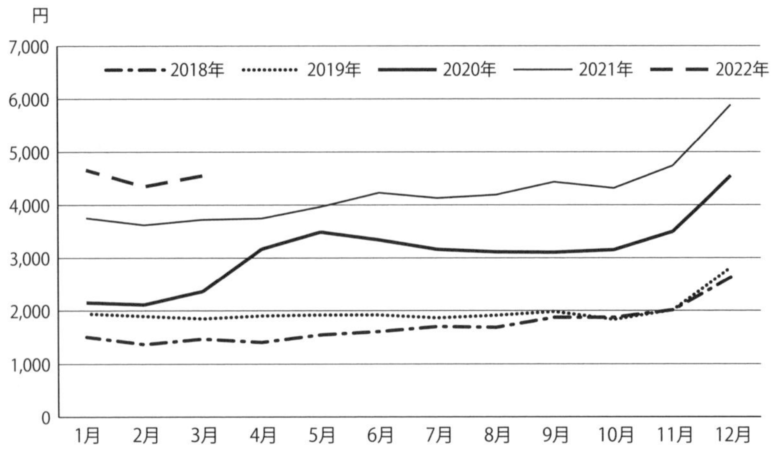

図1-4　インターネットを利用した１世帯当たり月別食料支出額の推移

資料：総務省「家計消費状況調査」（月次・2人以上の世帯）より作成。

した食料支出額をみると、新型コロナの感染が拡大した2020年３月以降に急増しており、５月には前年同月比1.8倍にまで増加し、その後も1.5倍以上で推移している[2)]。

経済産業省商務情報政策局情報経済課（2021）によると、BtoC-EC（企業対消費者の電子商取引）の市場規模は2013年には11兆1,660億円であり、EC化率は3.85％にすぎなかったが、2019年にはそれぞれ19兆3,609億円、6.76％にまで拡大した。新型コロナ禍に見舞われた2020年にはEC化率は8.08％に大幅に上昇したものの、その市場規模は19兆2,779億円（前年対比△0.4％）にやや低下している。これはサービス系分野が７兆1,672億円から４兆5,832億円（同△36.1％）に落ち込んでいることが大きく影響しており、物販系分野は10兆515億円から12兆2,333億円に21.7％増加している。その結果、物販系分野のEC化率は2019年には6.76％であったものが、2020年には8.08％に高まっている。物販系分野について分類別にEC化率をみると、2019年には「生活家電、AV機器、PC・周辺機器等」が32.75％、「書籍、映像・音楽ソフト」が34.18％と高く、「生活雑貨、家具、インテリア」や「衣類・服装雑貨等」もそれぞれ23.32％、13.87％に達していた。これに対して、「食品、飲料、酒類」は2.89％にすぎず、その市場規模は前年対比7.8％増の１兆8,233億円であった。ところが、2020年には前年対比21.1％増の２兆2,086億円に高まっており、EC化率は依然として低いものの、3.31％に上昇している。

このように、新型コロナ禍において消費者の食料購買行動にも大きな変化がみられるが、注目すべきは応援消費の広がりである。リクルートライフスタイル（2020）によると、2020年10月１～９日に実施された首都圏・関西圏・東海圏に住む20～69歳の男女9,994人へのインターネット調査の結果、新型コロナ禍により影響を受けた生産者への応援消費の経験者は23.5％であり、今後行いたいとする人は51.1％と過半数に達している。支援行動の多くは直販サイトや生産者を応援するECサイトでの購入であるが、ふるさと納税を通した支援も7.2％みられる。

３）観光消費への影響

図1-5によると、2011～19年における各年の日本人国内延べ旅行者数は5.6～6.5億人、その旅行消費額は18.4～21.9兆円で推移してきた。しかし、新型コロナの感染が拡大した2020年には外出自粛などにより旅行者数は2.9億人（前年対比50.0％）、旅行消費額は10.0兆円（同45.5％）に半減し、2021

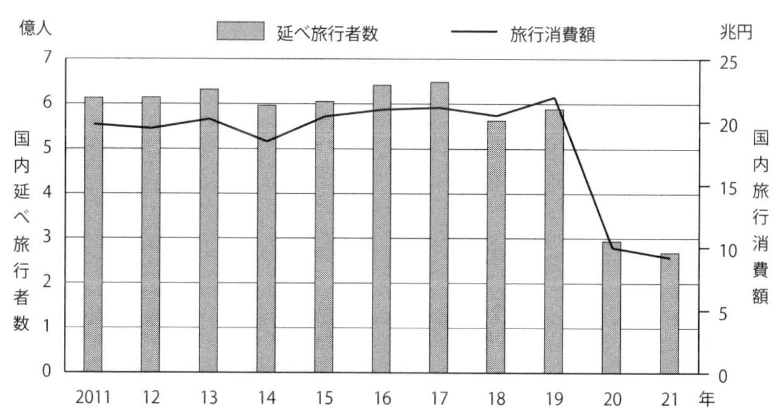

図1-5　日本人国内旅行者数と旅行消費額の推移

資料：観光庁「旅行・観光消費動向調査」より作成。

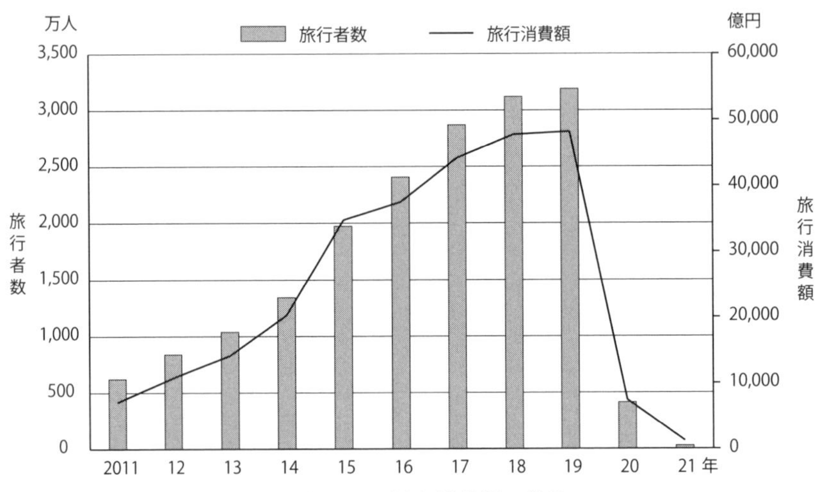

図1-6　訪日外国人旅行者数および旅行消費額の推移

資料：日本政府観光局「訪日外客数」、観光庁「訪日外国人消費動向調査」より作成。
注：2020年と2021年については試算値である。

年もそれらを下回る2.7億人（2019年対比45.7％）、9.2兆円（同41.9％）となっている。

また、訪日外国人旅行者（インバウンド）の数は**図1-6**に示すとおり2012年以降、著しく増加し、2019年には3,188万人に達したが、2020年には入国制限などの影響により412万人（前年対比12.9％）に急減し、2021年にはさらに25万人（2019年対比0.8％）にまで落ち込んでいる。これに伴って訪日外国人の観光消費額も2019年の４兆8,135億円から2020年には7,446億円（前年対比15.5％）、2021年には1,208億円（2019年対比2.5％）に激減している。

４）農業への影響

農林水産省「生産農業所得統計」によると、2020年におけるわが国の農業総産出額は８兆9,333億円であり、前年に比べて395億円（0.4％）増加した。その主な要因は天候不順や新型コロナ禍による「巣ごもり需要」に伴ってイモ類や野菜、豚の価格が上昇したことである。しかしその一方で、外食やインバウンドの需要が大きく減退し、価格が低下したことなどから、米（対前年比993億円、5.7％減）や肉用牛（同495億円、6.3％減）、花き（同184億円、5.6％減）、茶（同113億円、21.6％減）の産出額が減少している。

図1-7は日本政策金融公庫「農業景況調査」の2020年７月調査と2021年１月調査に基づいて新型コロナ禍による農業経営への影響についてみたものである。2020年７月調査では全体の約半数の農業者が売上高にマイナスの影響があると回答しており、2021年１月調査ではその割合が６割強に達している。これを業種別（経営部門別）にみると、影響はさまざまであり、養豚では「プラスの影響がでている」との回答割合がマイナスの影響がある（「甚大なマイナス影響あり」「非常に大きなマイナス影響あり」「大きなマイナス影響あり」「マイナスの影響あり」の合計）との回答割合を上回っているが、他の部門ではいずれもマイナスの影響があるとの回答割合が上回っている。なかでも茶、肉用牛、施設花きにおいてとくに大きな影響がみられ、2020年７月調査ではマイナスの影響が大きい（「甚大なマイナス影響あり」「非常に大きなマイナス影響あり」「大きなマイナス影響あり」の合計）とする経営の割合が７～８割に達していた。2021年１月調査では肉用牛、施設花きにおいてはこれらの割合が低下しているものの、他の経営部門と比べると依然として高い割合となっている。また、2021年１月調査では露地野菜や施設野菜、採卵鶏においてマイナスの影響があるとする回答割合が高まっているだけでなく、2020年７月調査では「わからない」との回答割合が比較的高かった畑作、稲作においてマイナスの影響があるとする回答割合が大幅に高まっており、夏以降の収穫期を迎えてマイナスの影響が表れたものとみられる。さらに、**図1-8**は2021年７月調査における農業経営への影響についてみたものであるが、売上高にマイナスの影響があるとする割合は55.3％となっており、2021年１月調査と比較して9.3ポイント低下しているものの、2020年７月調査よりも依然として5.8ポイント高い。業態別にみると、茶や肉用牛、施設花き、採卵鶏ではその割合が大幅に低下し、改善の動きがみられる一方で、施設野菜ではその割合が高まっており、稲作（北海道）ではマイナスの影響が大き

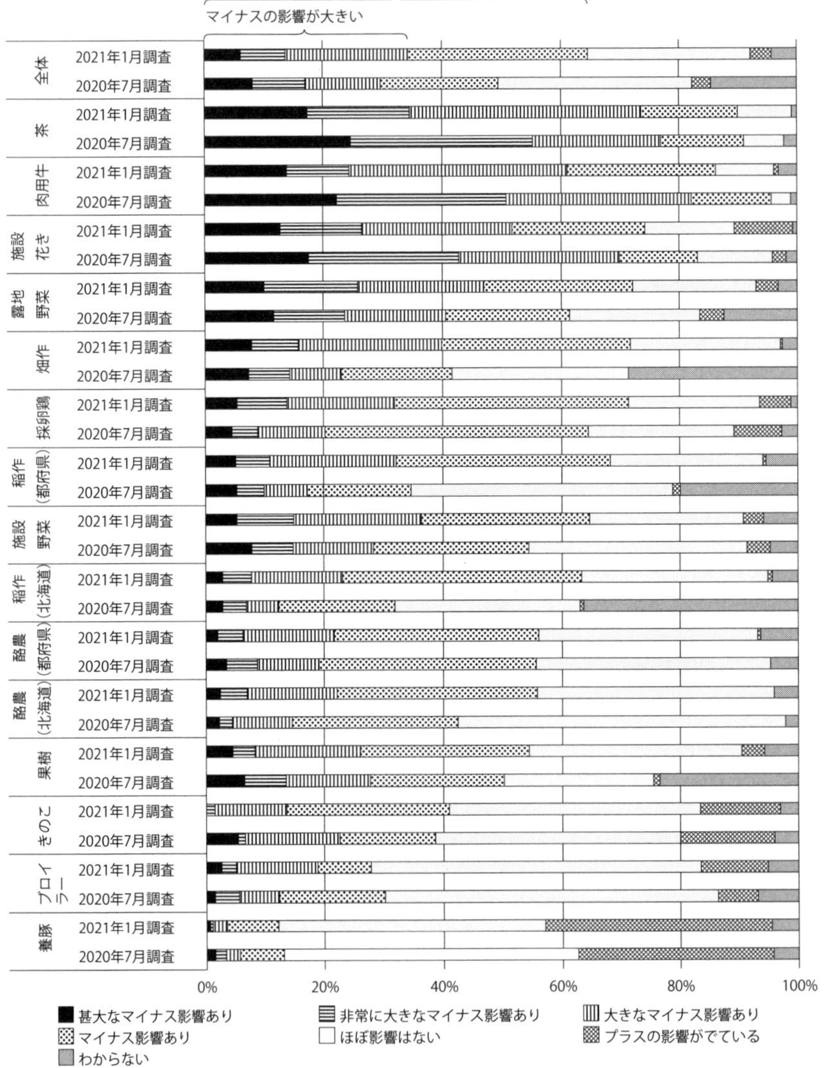

図1-7　新型コロナ禍による2020年７月と2021年１月時点での農業経営の売上高への影響

資料：日本政策金融公庫農林水産事業本部「農業景況調査（令和２年７月調査）」（2020年９月３日）および同「農業景況調査（令和３年１月調査）」（2021年３月15日）より作成。

注：１）スーパーL資金または農業改良資金の融資先に対するアンケート調査であり、有効回答数は2020年７月調査が5,464（回収率30.0%）、2021年１月調査が5,786（回収率32.0%）である。

２）「甚大なマイナスの影響あり」は売上高が例年の５割未満、「非常に大きなマイナス影響あり」は同５～７割未満、「大きなマイナス影響あり」は同７～９割未満、「マイナス影響あり」は同９～10割未満である。

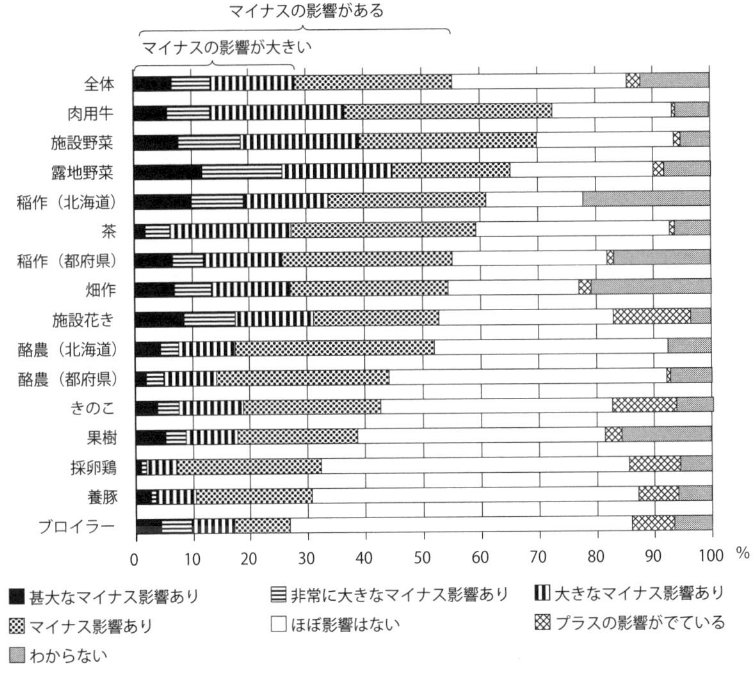

図1-8　新型コロナ禍による2021年７月時点での農業経営の売上高への影響

資料：日本政策金融公庫農林水産事業本部「農業景況調査（令和３年７月調査）」（2021年９月27日）より作成。
注：１）スーパーL資金または農業改良資金の融資先に対するアンケート調査であり、有効回答数は6,336（回収率31.6%）である。
　　２）図1-7に同じ。

いとする回答の割合が10.8ポイント上昇している。また、養豚ではプラスの影響があるとの回答が38.4％から7.0％に31.4ポイントも低下している。これらのことから、2020年の農業総産出額は増加したものの、産出額が増加した野菜も含めて多くの農業経営がマイナスの影響を受けており、2020年には需要が高まって好影響がみられた養豚についても飼料等の資材費高騰の影響などが顕在化してきているものとみられる。

ところで、2020年７月調査に基づいて新型コロナ禍による具体的な影響の内容をみると、「単価・相場の下落」が68.4％と最も高く、とりわけ農業経営に大きな影響がみられた肉用牛、茶、施設花きではそれぞれ97.6％、93.4％、

89.8％と非常に高くなっている。これに次いで「既往販路・出荷ルートの縮小・停止」（32.9％）、「消費者への直接販売（直売所など）の縮小・休業」（24.2％）といった生産物の販売に関する事項が高く、「労働力不足（パート・実習生等含む）」（15.0％）、「原材料、資材など仕入関係が停滞」（12.8％）がこれらに続いている。

また、2021年１月調査に基づいて新型コロナ禍により取引量が増えた販売先についてみると、「市場・農協への出荷」（9.8％）、「小売業者（スーパーなど）」（8.0％）、「インターネット販売」（6.8％）、「店舗直売（道の駅含む）」（6.8％）などが挙げられているものの、いずれも１割にも満たず、「特に変化はなかった」が72.7％と大半を占めている。さらに、インターネット販売への取組について詳しくみると、「インターネットを用いた販売に関心がない」との回答が57.0％に及び、「既に取り組んでいるが現状維持」が12.7％あるものの、「初めて取り組みを始めた」「既存の取り組みを拡大した（または拡大予定）」はそれぞれ2.6％、7.0％にすぎず、「これから取り組みを始めたい」が20.7％となっている。新型コロナ禍のもとでインターネットによる通信販売での食料支出額が増えているが、農業者自身によるインターネット販売は現状ではそれほど伸びていないことが示唆される。

5）労働力確保への影響

新型コロナの影響に伴う営業自粛や客数減少等による事業活動の縮小を余儀なくされた宿泊業や飲食業等においては多数の休業者・失業者が発生した。その一方で、新型コロナの感染拡大に伴う外国からの渡航者に対する入国制限措置により、2020年４月から来日を予定していた外国人技能実習生等の外国人材の入国が困難となった。2020年９月以降には一時的に入国制限が緩和されたものの、2021年２月には再び外国からの渡航者に対する水際対策が強化され、外国人材の入国者数が大幅に減少した。その結果、人手不足にあえぐ農業や漁業、食品製造業などは大きな影響を受けた（**図1-9**）。

農業分野における外国人の労働者数は、2015年には1.97万人であったが、

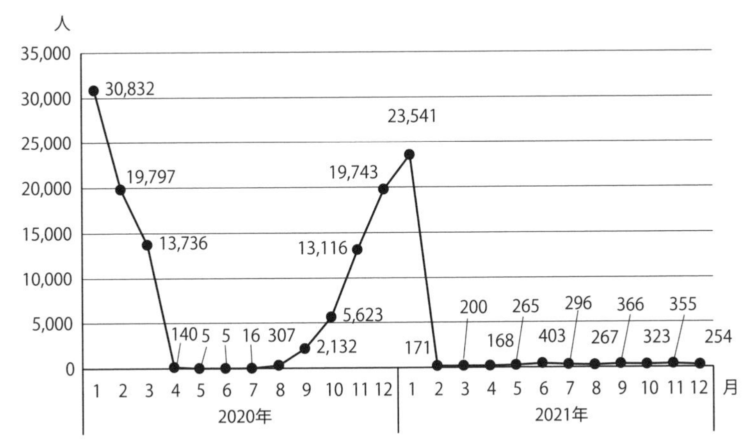

図1-9　外国人技能実習生の入国者数

資料：農林水産省（2022）より作成。
原資料：出入国在留管理庁「出入国管理統計表（月報）」を基に農林水産省作成。
注：全分野合計。

それ以降大幅に増加し、2019年には3.55万人となった。2020年10月には3.81万人、2021年10月には3.85万人となっており、2019年10月時点と比べてやや増加しているものの、その増加率は低下している（農林水産省，2021b，2022）。労働集約的な園芸や畜産などでは外国人技能実習生等の来日を見込んで経営計画を立てている経営が少なくないが、これらの経営では作付・飼養計画の見直しや収穫・出荷の断念を余儀なくされた。

５．沖縄県における観光・交流と農業への影響

１）観光・交流への影響

(1) 観光客の受入とイベント開催への影響

1972年の日本復帰以降、沖縄県における入域観光客数（沖縄県在住者を含まない）は、**図1-10**に示すとおり順調に増加してきた。2000年代末から2010年代初頭には金融危機後の世界的な景気低迷や新型インフルエンザの世界的流行、東日本大震災の影響等により一時的に減少したものの、2012年以

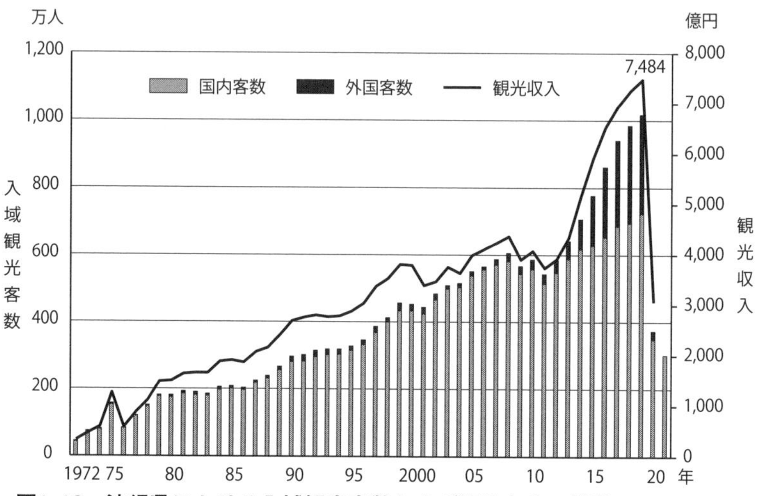

図1-10　沖縄県における入域観光客数および観光収入の推移

資料：沖縄県文化観光スポーツ部観光政策課「観光要覧」（2019年版）および「入域観光客統計概況」（各年12月版）より作成。

注：沖縄県在住者は含まない。

降、急速に増加し、2019年には１千万人を突破した。とくにこの間の外国人観光客数の増加は著しく、2011年の28万人から2019年の293万人に10倍以上に激増している。これらの結果、観光収入も2011年の3,735億円から2019年には7,484億円に倍増している。

沖縄県の推計によると、2017年度における沖縄県の旅行・観光消費額は7,793億円（県内客814億円、県外客4,979億円、国外客2,000億円）、その経済波及効果は１兆1,700億円（うち直接効果6,912億円）に及び、このうち食料品・たばこ・飲料が774億円（うち直接効果262億円）、農林水産業が291億円（うち直接効果66億円）であった[3)]。

しかし、2020年には新型コロナ禍により観光客数は374万人（前年対比36.8％）に減少し、なかでも外国人観光客は前年対比8.8％の26万人にまで激減した。2021年には外国人観光客が日本復帰後はじめて０人となり、日本人観光客も前年をさらに下回る302万人にとどまった。また、観光収入も2020

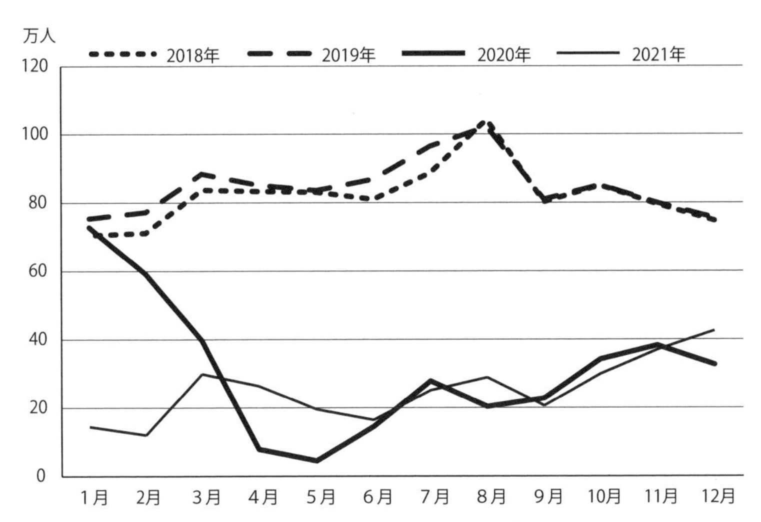

図1-11　沖縄県における月別入域観光客数の動向

資料：沖縄県文化観光スポーツ部観光政策課「入域観光客統計概況」より作成。

年には3,065億円（前年対比41.0％）に急落した。なお、**図1-11**より観光客数を月別にみると、2018年以降、毎月70～100万人強で推移していたが、2020年３月から急減しており、４月には7.7万人、５月には4.4万人にまで減少し、それ以降もほぼ40万人以下で推移している。

ところで、新型コロナ禍により祭典などの各種イベントが軒並み中止となるだけでなく、葬儀の中止や家族葬などへの規模縮小が全国的にみられるが、結婚式・披露宴の延期や中止も相次いでいる。とりわけリゾートウエディングが多い沖縄ではその影響も深刻である。沖縄タイムス（2021b）によると、2020年度におけるウエディング業界全体の売上は新型コロナ禍前に比べて８割ほど落ち込んでおり、2021年の新規予約は例年のわずか１割程度にすぎず、披露宴の受入を一時休止しているホテルもあるという。

このような観光客数やイベント開催の激減により、沖縄県内ではホテルをはじめとする観光産業や外食産業が多大な影響を受けているが、食料品・花きの流通業や農業にも大きな影響が及んでいると考えられる。

(2) 離島観光への影響

新型コロナ禍による観光客数の減少は、観光収入に大きく依存する離島ではより深刻である。**図1-12**は石垣市における入域観光客数と観光収入の推移をみたものであるが、2013年3月に新石垣空港が開港したことから、国内観光客数が同年から翌年にかけて大幅に増加し、その後も堅調に推移している。さらに、2012年よりクルーズ船による主に台湾からの外国人観光客も大幅に増加しており、観光客数は2019年には147万人に及んだ。それに伴って観光収入も大幅に伸び、同年には977億円に達した。しかし、2020年には観光客数は65万人（前年対比43.8%)、観光収入は496億円（同50.7%）に半減し、2021年の観光客数も54.6万人と前年を下回っている。

また、**図1-13**は宮古島市における入域観光客数と観光収入の推移をみたものであるが、同市では2015年1月に伊良部大橋が開通し、国内観光客が大幅に増えただけでなく、同年からクルーズ船の寄港回数が増加したことによ

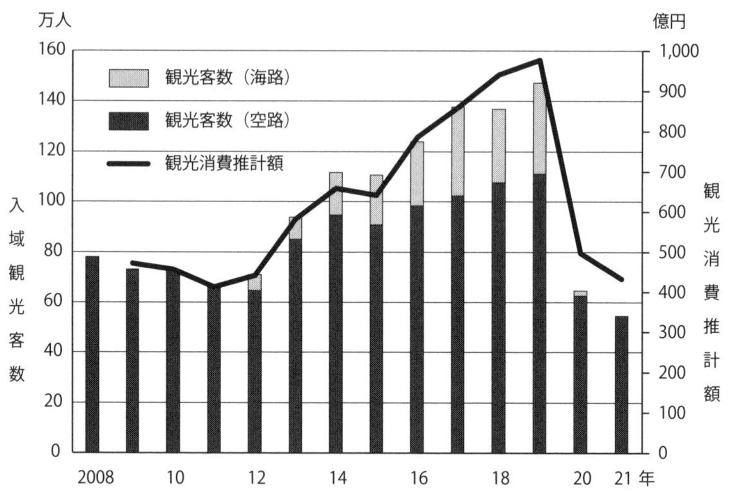

図1-12　石垣市における入域観光客数および観光収入の推移

資料：石垣市「入域観光統計」より作成。
注：2011年以前の観光客数（空路）には海路を含む。

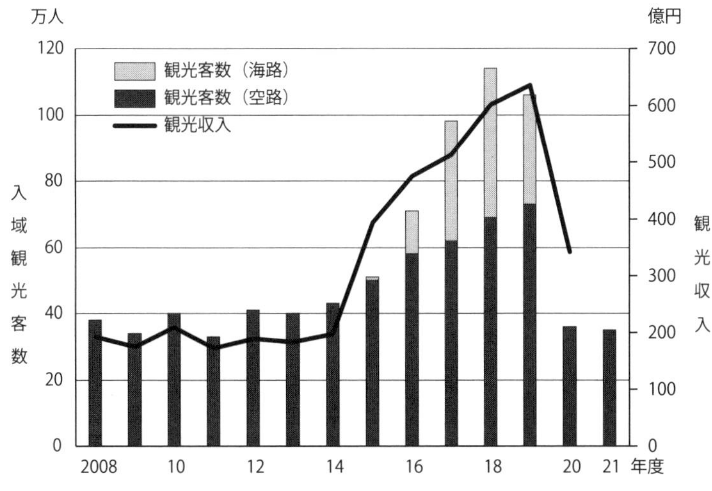

図1-13　宮古島市における入域観光客数および観光収入の推移

資料：沖縄県「宮古圏域の入域観光客数・観光収入」より作成。
原資料：宮古島市「入域観光客数について」、沖縄県観光政策課「観光統計実態調査」「外国人観光客実態調査報告書」による。

り外国人観光客が急増し、2019年３月のみやこ下地島空港ターミナルの開業などもあって、2014年度には43万人であった観光客数は2019年度には106万人に達した。それに伴い、2014年度には197億円であった観光収入も2019年度には636億円にまで３倍以上に急増した。しかし、2020年度にはクルーズ船の寄港はなくなり、観光客数は36万人と前年の３分の１、観光収入も342億円に激減し、2021年度の観光客数も35万人にとどまっている。

２）農業への影響

沖縄県は台風の常襲など厳しい自然環境にあるが、冬季温暖な亜熱帯性気候を活かし、各地で多彩な農業が行われており、とくに離島や北部地域ではサトウキビをはじめ、園芸作物や畜産などの農業および食品製造業が地域経済を支える重要な産業となっている。

沖縄県における農業産出額の推移を示したものが**図1-14**である。沖縄県の農業産出額は1973年の451億円から1985年には1,160億円まで増加したが、

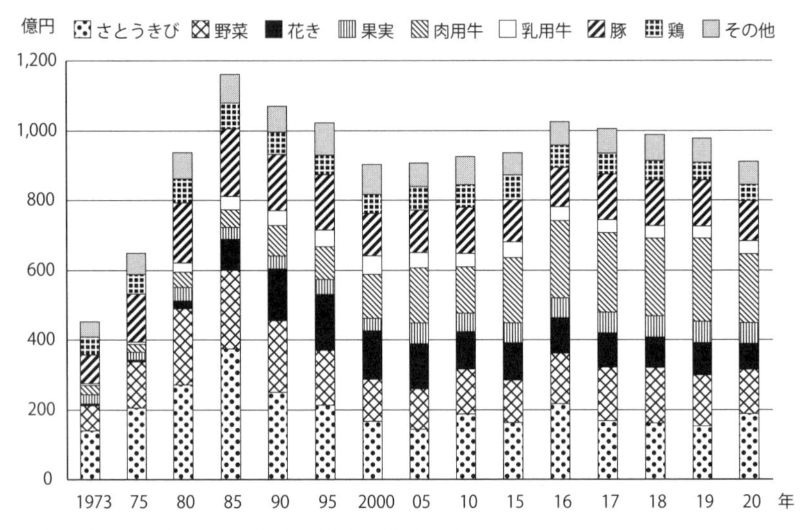

図1-14　沖縄県における農業産出額の推移

資料：農林水産省「生産農業所得統計」より作成。

近年では1,000億円前後で推移してきた。しかし、新型コロナ禍に見舞われた2020年には前年対比△67億円（△6.9％）の910億円に減少している。部門別にみると、サトウキビは台風被害がほとんどなかったことから、35億円増の187億円であったが、畜産や園芸作物は軒並み減少している。畜産が盛んな沖縄県のなかでも主力の肉用牛は、新型コロナ禍に伴う外食需要の減退によって子牛や枝肉のセリ価格が低下したことが大きく影響し、41億円減の397億円となっている。また、観光客の減少によって外食や土産物の需要が減退し、野菜やアグー豚、菓子用鶏卵の需要などが低迷したことから、野菜は19億円（13.0％）減の127億円、豚は17億円（12.9％）減の115億円、鶏は４億円（8.0％）減の46億円にとどまっている。さらに、花きも冠婚葬祭などのイベント需要が減退し、19億円（20.4％）減の74億円となっている。

このように、新型コロナ禍の2020年における農業産出額は、前年と比べて全国的には微増であるのに対して、沖縄県では約７％減少しており、インバウンドを含む観光客減少の影響が大きいことがわかる。

注

１）加盟国はアルメニア、ベラルーシ、カザフスタン、キルギスタン、ロシアの５カ国である。

２）農林水産省（2021b）によると、2020年におけるインターネットによる通信販売での食料支出額は29歳以下が最も多いものの、すべての年齢層において前年よりも大きく増加している。

３）沖縄県文化観光スポーツ部観光政策課「平成29年度沖縄県における旅行・観光の経済波及効果」および同課提供資料による。

参考文献

経済産業省商務情報政策局情報経済課（2021）『令和２年度産業経済研究委託事業（電子商取引に関する市場調査）』

長友謙治（2021）「世界の農業・農政　ロシアの輸出規制」『Primaff Review』102：6-7

NHKニュースウェブ（2021）2021年10月22日付「東南アジアでのコロナ感染拡大　鶏肉の国内販売に影響」（https://www3.nhk.or.jp/news/html/20211022/k10013316911000.html）

日本経済新聞電子版（2022）2022年6月9日付「食料輸出規制20カ国に　侵攻が自国優先に拍車」（https://www.nikkei.com/article/DGXZQOGM053GX0V00C22A6000000）

農林水産省（2021a）「新型コロナウイルス感染症の拡大による食料供給への影響」（https://www.maff.go.jp/j/zyukyu/anpo/attach/pdf/adviser-9.pdf）

農林水産省（2021b）『令和３年版食料・農業・農村白書』農林統計協会

農林水産省（2022）『令和３年度食料・農業・農村の動向　令和４年度食料・農業・農村施策』

リクルートライフスタイル（2020）2020年11月18日付「Press Release　飲食店や生産者の支援が目的『応援消費』の意識・実態を調査（2020年10月実施）」（https://www.recruit.co.jp/newsroom/recruitlifestyle/uploads/2020/11/RecruitLifestyle_ggs_20201118.pdf）

（内藤 重之）

第2章

統計にみる食料消費の変化

1．はじめに

2020年４月に政府は最初の緊急事態宣言を全国に発出し、社会経済活動を制限することで感染防止を図ろうとした。いわゆる「３密」の回避など、国民は「新しい生活様式」への適応を求められ、それが食料消費にも大きな変化をもたらすこととなった。

今回の新型コロナ禍では感染状況の深刻度に地域差が生じたことで、経済活動の制限にも地域差があり、それは外食へのアクセスなど食料消費に関しても地域差を生じさせている可能性がある。また、外食に関してはとくに単身世帯がよく利用しているため、２人以上世帯との差が顕著に表れると考えられる。さらに、学校の休校措置などライフスタイルが変化したことから、子育て世代とその他の世代など世帯主の年齢階層別でも食料消費に違いが生じているのではないかと考えられる。

新型コロナ禍の影響に伴う食料消費の変化については、報道などでもしばしば取り上げられ、分析も進められている。しかし、それらの多くは全国の世帯を一律に分析したものや特定の品目のみの分析にとどまっている。今回の新型コロナ禍の経験を次の危機へ活かすためには、より詳細な分析により食料消費がどのように変化したのかを把握する必要があるといえよう。

そこで、本章では家計消費の都市階級別、世帯形態別および世帯主年齢階層別の３つの視点から、新型コロナ禍が食料消費にいかなる影響を与えたのかを明らかにする。

なお、今回の分析は総務省統計局「家計調査（家計収支編）」のデータに依拠しているが、情勢変化の把握を目的として、新聞および雑誌等の食料消費や外食に関する記事も参考にした。

家計調査は毎月実施され、調査対象は施設等の世帯および学生の単身世帯を除く全国約9,000世帯である。都市階級別の分析に用いる都市階級は2005年国勢調査結果による市町村の人口規模に基づく地域区分で、「大都市」が人口100万以上の都市、「中都市」が人口15万～100万未満の市、「小都市A」が人口５万～15万未満の市、そして「小都市B・町村」は人口５万未満の市および町村である。また、世帯形態別の分析に用いる世帯形態は「２人以上世帯」と「単身世帯」であり、世帯主の年齢階層別の分析に用いるのは「２人以上世帯」の「29歳以下」「30～39歳」「40～49歳」「50～59歳」「60～69歳」「70歳以上」である。

なお、ここでは都市階級別の分析対象を「２人以上世帯」に限るが、都市階級ごとの集計世帯数については、「小都市Ａ」と「小規模Ｂ・町村」は絶対数だけでなく、世帯数分布と比べてもかなり少ないことに留意が必要である。

２．都市階級別にみた食料消費の変化

１）食料消費全体

最初に、都市階級別に新型コロナ禍による食料消費全体に対する影響の違いを確認する。**図2-1**と**図2-2**は2019年と2020年の品目別消費金額の差額と変化率をそれぞれ示したものである。「穀類」に関しては「小都市B・町村」が他の都市と比較してほとんど増加していないことがわかる。一方で、「魚介類」「肉類」「乳卵類」「果物」「油脂・調味料」では「大都市」の支出金額の差額と変化率が相対的に大きい。品目別消費金額の増加が最も高かった「酒類」は「小都市B・町村」でとくに顕著であり、また大きな打撃を受けた「外食」はどの都市階級においても減少していた。感染状況がとくに深刻であった「大都市」では長期間の外出自粛や外食の営業制限に伴い、食材を購入して家庭内調理に移行していたことが推測される。このように、品目を中分類

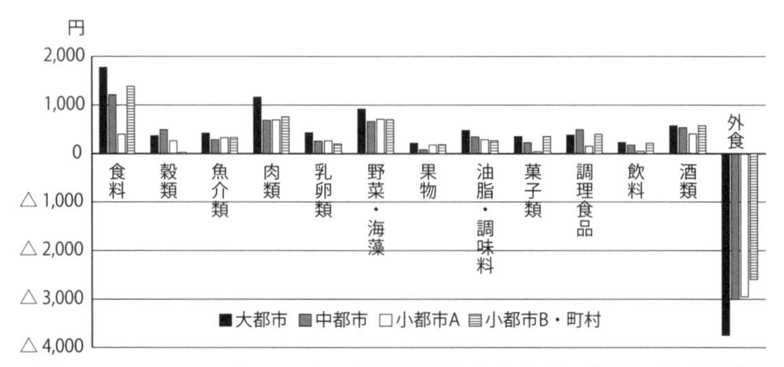

図2-1　2019-2020年における品目別消費支出金額の差額（都市階級別）

資料：総務省統計局「家計調査（家計収支編）」より作成。

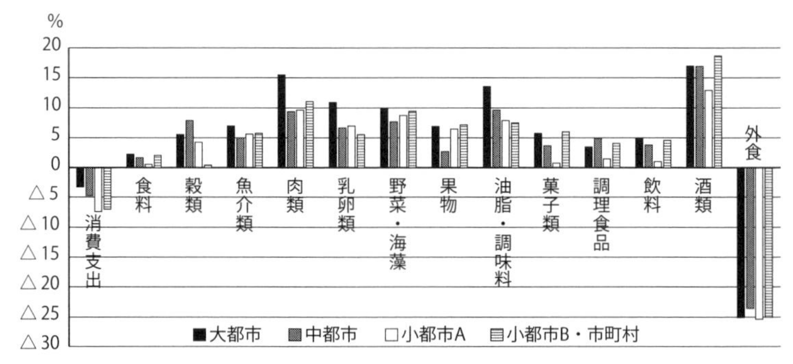

図2-2　2019-2020年における品目別消費支出金額の変化率（都市階級別）

資料：図2-1に同じ。

別でみても都市階級別で影響は異なっていることがわかる。

そこで、以下では都市階級別の特徴が鮮明に現れている穀類、肉類、外食について分析する。

2）穀類

表2-1は「穀類」について2019年と2020年の消費支出金額およびその変化率を示しているが、「小都市B・町村」を除いて、2019年から2020年に若干の増加がみられる。

このうち「米」についてみると、「大都市」「中都市」「小都市A」については若干増加している。2015～2019年までの５年間、「米」への消費支出金

表 2-1　2019-2020 年における穀類の品目別支出金額・購入数量とその増減率（都市階級別）

		大都市			中都市			小都市 A			小都市 B・町村		
		2019 年	2020 年	変化率	2019 年	2020 年	変化率	2019 年	2020 年	変化率	2019 年	2020 年	変化率
穀類	金額（円）	80,443	84,568	5	77,955	83,454	7	77,957	80,907	4	76,367	76,245	△ 0
米	金額（円）	23,183	24,313	5	23,241	24,526	6	23,445	24,436	4	22,831	21,196	△ 7
	数量（kg）	58.17	60.96	5	61.96	66.38	7	66.74	69.52	4	62.47	59.95	△ 4
パン	金額（円）	34,511	33,490	△ 3	31,613	31,911	1	31,235	30,047	△ 4	30,433	29,047	△ 5
	数量（g）	49,012	47,703	△ 3	45,358	46,614	3	45,601	44,734	△ 2	42,276	42,418	0
食パン	金額（円）	10,647	11,176	5	10,025	10,607	6	9,759	9,792	0	8,568	9,057	6
	数量（g）	20,959	21,669	3	20,537	21,549	5	20,058	20,277	1	17,502	18,991	9
他のパン	金額（円）	23,864	22,314	△ 6	21,588	21,304	△ 1	21,476	20,255	△ 6	21,865	19,990	△ 9
	数量（g）	23,946	22,575	△ 6	21,915	22,430	2	22,845	22,064	△ 3	21,939	20,708	△ 6
麺類	金額（円）	17,272	20,402	18	17,651	20,988	19	18,117	20,624	14	18,007	20,158	12
	数量（g）	32,244	38,348	19	33,197	38,857	17	34,216	37,813	11	33,118	36,158	9
生うどん・そば	金額（円）	3,207	3,567	11	3,266	3,879	19	3,363	3,911	16	3,336	3,473	4
	数量（g）	9,108	10,722	18	10,119	11,764	16	10,319	12,383	20	9,757	10,396	7
乾うどん・そば	金額（円）	2,035	2,418	19	2,185	2,405	10	2,290	2,422	6	1,896	2,386	26
	数量（g）	3,073	3,503	14	3,180	3,664	15	3,127	3,300	6	3,022	3,309	9
スパゲッティ	金額（円）	1,222	1,661	36	1,176	1,467	25	1,141	1,354	19	1,106	1,348	22
	数量（g）	3,009	4,225	40	2,976	3,832	29	2,866	3,382	18	2,787	3,043	9
中華麺	金額（円）	3,958	4,778	21	3,826	4,850	27	3,943	4,673	19	3,898	4,495	15
	数量（g）	8,119	9,722	20	8,137	9,844	21	8,846	9,816	11	8,538	9,270	9
カップ麺	金額（円）	4,361	4,926	13	4,703	5,332	13	4,860	5,305	9	5,242	5,589	7
	数量（g）	3,732	3,976	7	3,985	4,444	12	4,231	4,292	1	4,538	4,561	1
即席麺	金額（円）	1,758	2,165	23	1,811	2,236	23	1,891	2,287	21	1,986	2,254	13
	数量（g）	2,435	2,803	15	2,536	2,936	16	2,716	3,021	11	2,821	3,103	10
他の麺類	金額（円）	732	885	21	683	819	20	628	672	7	543	613	13
	数量（g）	761	947	24	720	857	19	641	713	11	555	686	24
他の穀類	金額（円）	5,477	6,363	16	5,450	6,029	11	5,161	5,800	12	5,096	5,845	15
	数量（g）	8,292	9,700	17	8,512	9,466	11	7,974	9,385	18	8,247	9,055	10
小麦粉	金額（円）	559	759	36	597	729	22	637	715	12	635	839	32
	数量（g）	2,022	2,764	37	2,243	2,799	25	2,304	2,567	11	2,531	2,949	17
もち	金額（円）	1,759	1,940	10	1,766	1,805	2	1,628	1,778	9	1,742	1,760	1
	数量（g）	2,304	2,599	13	2,316	2,348	1	2,150	2,312	8	2,044	2,218	9
他の穀類のその他	金額（円）	3,159	3,664	16	3,088	3,495	13	2,896	3,307	14	2,719	3,246	19
	数量（g）	3,852	4,372	13	3,802	4,343	14	3,604	4,477	24	3,444	3,962	15

資料：図 2-1 に同じ。

額は減少傾向にあったことから、家庭内消費が増加していることがわかる。ただし、「小都市Ｂ・町村」では購入数量、支出金額ともに大幅に減少している。

「パン」は「中都市」で横ばいであったものの、他の区分では微減傾向を示した。これに対し､「麺類」はすべての都市階級区分で顕著に増加している。在宅勤務や休校により自宅での昼食が増え、結果として調理が簡単な麺類を志向したものとみられる。また、自宅での滞在時間の増加はゆとりを生み出した面もあるとみられ、「小麦粉」への支出金額、購入数量の増加は家庭での菓子作りの流行と結びつけて捉えられている（日本経済新聞電子版, 2020b）。

以上のように、穀類は主食となる食品が多いことから、概ね増加傾向を示したが、都市階級区分でみた場合、「小都市Ｂ・町村」のみが減少を示すケースもあった。これがデータ上の制約なのか、何らかの背景をもつものなのかは、家計調査のみからでは判断できない。

3）肉類

表2-2は「肉類」について2019〜2020年の変化および変化率を示したが、「肉類」は全般的に10％前後の増加を示している。同じ期間に「魚介類」は４〜６％程度の増加であったのに比べ[1)]、大きく伸びたといえよう。

「肉類」の小分類別でも「ハム」を除くすべての品目が増加しており、外食から家庭内調理へと移行した影響がうかがえる。ただし、増加幅についてはそれぞれの都市階級で違いがみられる。

「牛肉」については「大都市」と「小都市Ｂ・町村」が約4,000円も増加し、購入数量についても「大都市」は１kg以上の増加を示した。「豚肉」はさらに増加が顕著であり、「大都市」では支出金額が4,500円以上、購入数量でも約２kgの増加となったが、他の都市階級区分とはやや格差もみられる。

表 2-2　2019-2020 年における肉類の品目別支出金額・購入数量とその増減率（都市階級別）

		大都市			中都市			小都市 A			小都市 B・町村		
		2019 年	2020 年	変化率	2019 年	2020 年	変化率	2019 年	2020 年	変化率	2019 年	2020 年	変化率
肉類	金額（円）	92,052	105,789	15	89,685	97,598	9	88,941	96,859	9	84,407	93,291	11
生鮮肉	金額（円）	74,400	86,321	16	72,270	78,819	9	70,492	77,751	10	66,382	74,061	12
	数量（g）	48,613	56,103	15	49,312	53,626	9	48,600	52,589	8	47,348	50,266	6
牛肉	金額（円）	22,996	26,458	15	21,792	23,070	6	20,400	22,902	12	17,792	21,044	18
	数量（g）	6,807	8,006	18	6,638	7,204	9	6,496	6,810	5	5,820	6,245	7
豚肉	金額（円）	30,296	34,838	15	29,694	32,532	10	29,464	32,116	9	28,582	31,095	9
	数量（g）	20,907	23,901	14	21,421	22,975	7	21,233	22,590	6	20,969	21,945	5
鶏肉	金額（円）	16,023	18,533	16	15,669	17,259	10	15,391	16,730	9	14,925	15,908	7
	数量（g）	16,623	19,572	18	17,233	18,732	9	16,756	18,475	10	16,960	17,841	5
合いびき肉	金額（円）	2,706	3,392	25	2,688	3,114	16	2,568	2,963	15	2,354	2,631	12
	数量（g）	2,128	2,556	20	2,183	2,443	12	2,137	2,389	12	1,930	2,106	9
他の生鮮肉	金額（円）	2,379	3,099	30	2,427	2,845	17	2,669	3,041	14	2,730	3,383	24
	数量（g）	1,349	1,719	27	1,380	1,609	17	1,492	1,783	20	1,651	1,857	12
加工肉	金額（円）	17,652	19,469	10	17,415	18,778	8	18,449	19,108	4	18,025	19,230	7
ハム	金額（円）	5,380	5,530	3	4,863	5,142	6	5,194	5,020	△ 3	4,871	4,716	△ 3
	数量（g）	2,722	2,795	3	2,573	2,764	7	2,822	2,660	△ 6	2,795	2,531	△ 9
ソーセージ	金額（円）	7,058	7,734	10	7,358	7,823	6	7,630	8,037	5	7,490	8,176	9
	数量（g）	5,015	5,416	8	5,349	5,769	8	5,577	5,799	4	5,408	6,217	15
ベーコン	金額（円）	2,645	3,081	16	2,548	2,917	14	2,589	2,745	6	2,531	2,706	7
	数量（g）	1,558	1,822	17	1,520	1,809	19	1,529	1,652	8	1,531	1,676	9
他の加工肉	金額（円）	2,570	3,123	22	2,647	2,896	9	3,036	3,306	9	3,132	3,632	16

資料：図 2-1 に同じ。

「鶏肉」もまた相対的に「大都市」の増加幅が大きい。「大都市」では「合いびき肉」も大幅に増加しており、外食利用が難しくなり、家庭内調理が増加したことを想起させる結果となっている。

４）外食

都市階級の区分にかかわらず、外食産業は新型コロナ禍の影響を強く受けている。支出金額の減少からいえば、緊急事態宣言、まん延防止等重点措置の影響を強く受けた「大都市」において他の都市階級よりも相対的に大きくなっている。しかし、**表2-3**に示す変化率からみれば、必ずしも「大都市」のみに限らず、全国的に外食産業が大きな打撃を受けている様子がうかがえる。

そのような状況下にあって「ハンバーガー」については、都市階級区分にかかわらず伸びがみられる。これは「ハンバーガー」の扱いの大きいファストフードがそもそも持ち帰りに対応していたことで、新型コロナ禍のニーズに合致した結果とみられる。「ハンバーガー」そのものが持ち帰り需要と強く結びつき、かつ家族客のまとめ買いニーズなども期待できたことで、外食産業での販売拡大がみられた（日本経済新聞電子版，2020a）。

表 2-3　2019-2020 年における外食の品目別支出金額・購入数量とその増減率（都市階級別）

（単位：円、%）

	大都市			中都市			小都市 A			小都市 B・町村		
	2019 年	2020 年	変化率	2019 年	2020 年	変化率	2019 年	2020 年	変化率	2019 年	2020 年	変化率
外食	204,963	148,952	△ 27	176,777	131,870	△ 25	164,226	118,526	△ 28	145,589	107,882	△ 26
一般外食	196,121	140,611	△ 28	165,354	122,361	△ 26	153,857	110,275	△ 28	135,619	98,778	△ 27
食事代	161,790	122,116	△ 25	138,928	107,769	△ 22	129,626	97,304	△ 25	111,878	86,608	△ 23
日本そば・うどん	6,893	5,027	△ 27	6,699	5,154	△ 23	6,362	4,636	△ 27	5,938	4,459	△ 25
中華そば	6,708	5,758	△ 14	7,583	5,872	△ 23	7,292	5,231	△ 28	7,181	5,115	△ 29
他の麺類外食	3,107	2,112	△ 32	2,531	1,775	△ 30	2,560	1,609	△ 37	2,096	1,313	△ 37
すし（外食）	15,147	13,278	△ 12	15,038	13,618	△ 9	15,214	12,162	△ 20	13,568	10,952	△ 19
和食	25,310	20,223	△ 20	24,812	19,638	△ 21	21,532	16,497	△ 23	16,704	14,665	△ 12
中華食	6,020	4,706	△ 22	5,311	4,175	△ 21	3,981	3,391	△ 15	3,130	3,033	△ 3
洋食	14,289	10,560	△ 26	12,842	9,327	△ 27	11,587	8,110	△ 30	8,513	5,384	△ 37
焼肉	7,257	5,781	△ 20	6,957	5,753	△ 17	7,194	5,423	△ 25	6,327	6,602	4
ハンバーガー	4,904	5,604	14	4,741	5,307	12	4,440	4,882	10	3,845	4,100	7
他の主食的外食	72,157	49,067	△ 32	52,414	37,150	△ 29	49,464	35,363	△ 29	44,576	30,986	△ 30
喫茶代	9,886	6,707	△ 32	7,753	5,737	△ 26	7,181	5,050	△ 30	5,233	3,674	△ 30
飲酒代	24,445	11,788	△ 52	18,673	8,855	△ 53	17,050	7,921	△ 54	18,508	8,497	△ 54
学校給食	8,842	8,341	△ 6	11,423	9,508	△ 17	10,369	8,250	△ 20	9,971	9,103	△ 9

資料：図 2-1 に同じ。

3．世帯形態別にみた食料消費の変化

1）食料消費全体

ここでは新型コロナ禍における食料消費の変化を「単身世帯」と「２人以上世帯」という世帯形態別に把握する。

図2-3は2019年と2020年の品目別消費金額の変化率を示している。なお、世帯形態別では実額を比較すると、ほぼ「単身世帯」が小さくなるため、変化率のみを示している。ここでは「肉類」の変化率が「２人以上世帯」と「単身世帯」でかなり異なっていること、「調理食品」と「外食」は「単身世帯」の変化率が大きいこと、さらに「酒類」については世帯形態間で逆の変化となっていることがわかる。

そこで、以下では「肉類」「調理食品」「酒類」および「外食」について世帯形態別の特徴を分析する。

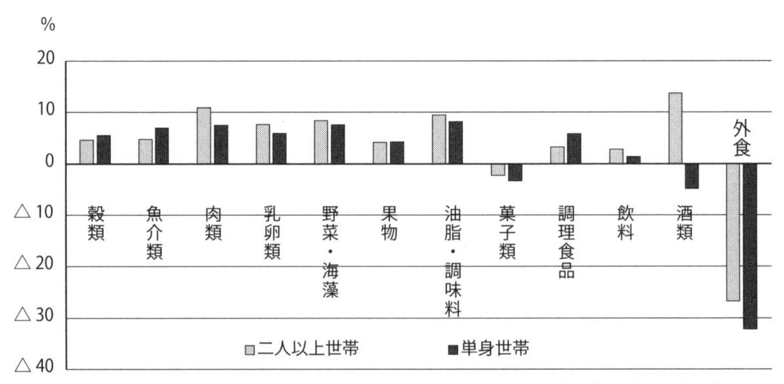

図2-3　2019-2020年における品目別消費金額の変化率（世帯形態別）

資料：図2-1に同じ。

2）肉類

表2-4は「肉類」について世帯形態別の消費支出金額を示したが、実支出金額の比較では必然的に「２人以上世帯」が大きくなるため、変化率の違い

表 2-4　2019-2020 年における肉類の品目別支出金額とその増減率（世帯形態別）

（単位：円、%）

	２人以上世帯			単身世帯		
	2019 年	2020 年	変化率	2019 年	2020 年	変化率
肉類	89,365	99,072	11	25,663	27,570	7
生鮮肉	71,535	79,947	12	19,464	20,797	7
牛肉	21,178	23,675	12	6,843	6,535	△ 5
豚肉	29,638	32,861	11	7,385	8,382	14
鶏肉	15,587	17,281	11	3,946	4,285	9
合いびき肉	2,612	3,081	18	384	516	34
他の生鮮肉	2,520	3,049	21	905	1,079	19
加工肉	17,830	19,126	7	6,199	6,773	9
ハム	5,092	5,156	1	2,038	2,044	0
ソーセージ	7,360	7,905	7	2,374	2,695	14
ベーコン	2,583	2,889	12	867	1,029	19
他の加工肉	2,795	3,176	14	920	1,005	9

資料：図 2-1 に同じ。

から整理する。

「牛肉」「豚肉」「鶏肉」については「単身世帯」の「牛肉」を除いて、支出金額に増加がみられる。家庭内での調理の増加がうかがえるものの、「牛肉」と「豚肉」については卸値の上昇に伴う小売価格の高まりも影響していると考えられる（日本経済新聞電子版，2020e）。

「合いびき肉」はもともと支出金額が小さいものの、増加率が高い。新型コロナ禍の休校措置や在宅勤務によってとくに子どもや若者に人気のあるハンバーグや餃子などを手作りする機会が増えたことから、「合いびき肉」への支出金額が顕著に伸びたとみられる（日本食糧新聞電子版，2020）。

生鮮肉全般だけではなく、「ソーセージ」「ベーコン」など調理に手間のかからない加工肉への支出金額も増加傾向にあり、「単身世帯」においてそれがより顕著であるが、他方で「ハム」のように「２人以上世帯」「単身世帯」ともにまったく変化がないものもある。

3）調理食品

表2-5は「調理食品」への支出金額の変化率を世帯形態別に示している。調理食品全体として「単身世帯」の方が増加の割合が大きい。品目別には「うなぎの蒲焼き」のように複合的な要因で増加している食品もあるが（日本経

表 2-5　2019-2020 年における調理食品の品目別支出金額と変化率（世帯形態別）

（単位：円、%）

	2人以上世帯			単身世帯		
	2019 年	2020 年	変化率	2019 年	2020 年	変化率
調理食品	128,386	132,494	3	82,187	86,978	6
主食的調理食品	53,911	55,424	3	41,499	43,577	5
弁当	15,351	15,780	3	13,845	16,518	19
すし（弁当）	13,580	13,995	3	7,080	7,382	4
おにぎり・その他	4,876	4,524	△ 7	5,520	4,759	△ 14
調理パン	5,580	5,440	△ 3	4,912	4,394	△ 11
他の主食的調理食品	14,524	15,685	8	10,142	10,525	4
他の調理食品	74,475	77,070	3	40,689	43,401	7
うなぎのかば焼き	2,114	2,686	27	699	1,048	50
サラダ	5,321	5,278	△ 1	4,878	4,922	1
コロッケ	1,939	1,909	△ 2	741	888	20
カツレツ	1,996	2,029	2	768	839	9
天ぷら・フライ	11,315	11,478	1	5,871	5,912	1
しゅうまい	1,033	1,069	3	442	482	9
ぎょうざ	2,065	2,133	3	984	1,056	7
やきとり	2,421	2,354	△ 3	1,017	996	△ 2
ハンバーグ	1,341	1,479	10	651	759	17
冷凍調理食品	7,817	8,787	12	1,770	2,401	36
そうざい材料セット	3,193	3,308	4	844	924	9
他の調理食品のその他	33,919	34,562	2	22,025	23,173	5

資料：図 2-1 に同じ。

済新聞電子版，2020c)、「単身世帯」では「弁当」や「コロッケ」「冷凍調理食品」などが相対的に大きく伸びており、新型コロナ禍において外食を減らした単身者が調理食品への依存度を高めている様子がわかる。「２人以上世帯」においても「ハンバーグ」「冷凍調理食品」はかなり増加しており、学校の休校や在宅勤務などによって家庭での調理機会が増加したのに対し、簡易な調理食品の活用を増やしている様子がうかがえる。

調理食品のなかでもとくに「冷凍調理食品」は家庭内調理時間の減少や高齢化に伴い2019年以前から増加傾向にあったが、新型コロナ禍で小売店での冷凍調理食品の購入が増えているだけでなく、冷凍の宅配食などの市場も拡大している（日経産業新聞電子版，2020，日本経済新聞電子版，2021)。

４）酒類

表2-6から「酒類」全体の変化率をみると、「２人以上世帯」では増加したのに対し、「単身世帯」では減少している。品目別にみても「２人以上世帯」ではすべての品目が増加しているのに対し、単身世帯では「清酒」や「ワイン」などがかなり減少している。

このような違いの背景として考えられるのは、居酒屋などでの飲酒機会の減少に対し、「２人以上世帯」では家庭でのいわゆる「宅飲み」が増えている一方で、「単身世帯」では飲酒自体を減少させている様子がうかがえる。「単身世帯」では新型コロナ禍にあって友人などと一緒に自宅で飲酒することが難しくなったことも影響している可能性がある。

なお、「２人以上世帯」「単身世帯」とも最も増加率が高かったのは「ウイスキー」である。これはいずれにおいても飲酒を好む層が積極的に選択した結果といえるが、それが割安感に基づくものなのか、国産高級ウイスキーの評価の高まりと関係しているのか、ここから子細を読み取ることはできない。

表 2-6　2019-2020 年における酒類の品目別支出金額と変化率（世帯形態別）

（単位：円、％）

	２人以上世帯			単身世帯		
	2019 年	2020 年	変化率	2019 年	2020 年	変化率
酒類	40,721	46,276	14	24,866	23,671	△ 5
清酒	5,419	5,772	7	4,028	2,825	△ 30
焼酎	6,002	6,615	10	3,722	3,627	△ 3
ビール	10,720	11,364	6	6,294	6,293	△ 0
ウイスキー	1,738	2,374	37	1,074	1,366	27
ワイン	3,423	3,833	12	2,085	1,766	△ 15
発泡酒・ビール風飲料	8,814	10,291	17	3,891	4,062	4
チューハイ・カクテル	3,548	4,701	32	2,910	2,829	△ 3
他の酒	1,058	1,325	25	862	901	5

資料：図 2-1 に同じ。

５）外食

「外食」は相対的に「単身世帯」の方が依存度は高く、減少率についても「単身世帯」の方がやや大きくなっている。最も減少率が高いのはいずれも「飲

表 2-7　2019-2020 年における外食の品目別支出金額と変化率（世帯形態別）

（単位：円、%）

	2人以上世帯			単身世帯		
	2019 年	2020 年	変化率	2019 年	2020 年	変化率
外食	176,917	129,726	△ 27	154,525	104,858	△ 32
食事代	138,988	105,992	△ 24	106,688	80,440	△ 25
日本そば・うどん	6,554	4,883	△ 25	4,054	3,363	△ 17
中華そば	7,200	5,565	△ 23	5,915	4,745	△ 20
他の麺類外食	2,635	1,758	△ 33	1,806	1,200	△ 34
すし（外食）	14,886	12,751	△ 14	7,545	7,259	△ 4
和食	22,897	18,262	△ 20	18,884	13,782	△ 27
中華食	4,850	3,956	△ 18	3,897	2,245	△ 42
洋食	12,279	8,765	△ 29	7,597	5,344	△ 30
焼肉	7,004	5,812	△ 17	5,261	3,984	△ 24
ハンバーガー	4,576	5,100	11	2,139	2,433	14
他の主食的外食	56,106	39,142	△ 30	49,590	36,085	△ 27
喫茶代	7,832	5,523	△ 29	6,338	4,276	△ 33
飲酒代	19,892	9,405	△ 53	41,500	20,142	△ 51

資料：図 2-1 に同じ。

酒代」であり、一方でもともと持ち帰り需要へ対応している「ハンバーガー」では増加傾向がみられた。「すし（外食）」や「中華食」などの世帯形態間での相違は、そもそもの利用頻度の違いを反映していると想定されるが、明確な理由は説明できない（**表2-7**）。

4．世帯主の年齢階層別にみた食料消費の変化

1）食料消費全体

食生活は年齢層によっても異なるが、新型コロナ禍がそれにどのような影響を及ぼしたかという点についても、ライフスタイルの違いとも相まって異なると推測される。そこで、ここでは「2人以上世帯」における世帯主の年齢階層別食料支出金額の整理から、新型コロナ禍が食料消費にどのような影響を及ぼしたか分析する。

それに先立ち、食料支出金額自体が年齢階層によって異なっていることを確認しておきたい。**図2-4**は世帯主の年齢別年間支出金額を実際の金額で示

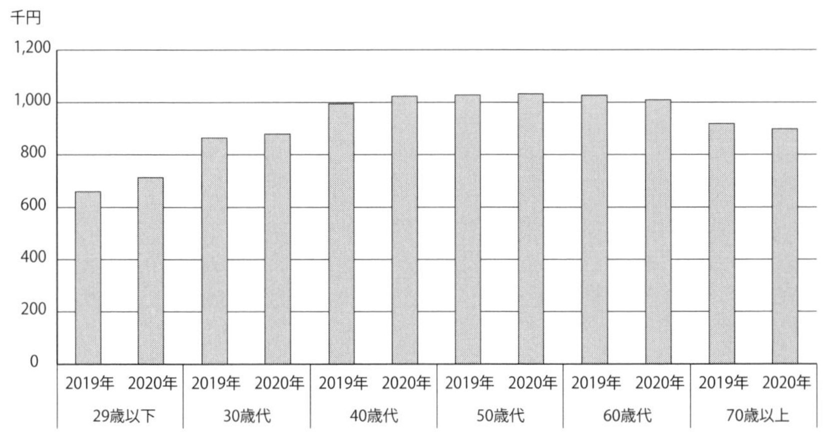

図2-4　世帯主の年齢階層別年間食料支出金額

資料：図2-1に同じ。
注：項目は穀類、魚介類、肉類、乳卵類、野菜・海藻、果物、油脂・調味料、菓子類、調理食品、飲料、酒類、外食の12項目。

している。2020年の場合、最も支出額が少ない「29歳以下」層は、最も多い「50歳代」層よりも約３割も支出金額が少ない。以下では、特徴ある小項目ごとに変化率を分析するが、その前提として食料支出金額自体に差があることには留意する必要がある。

表2-8では世帯主年齢階層別に2019～2020年の年間食料消費支出金額の変化率を示した。食料支出金額の変化をみると、「29歳以下」層が最も大きく増加しており、わずかでも減少したのは「70歳以上」のみであった。中分類別にみると、「29歳以下」層の「穀類」「野菜・海藻」「果物」「飲料」の変化率が突出して大きいが、前述のとおりそれはそもそも支出金額自体が少ないという事情を勘案する必要がある。

同表より新型コロナ禍の影響を最も強く受けた「外食」については、若い世代の方が減少率は小さくなる傾向があることがわかる。しかし、これについても支出金額自体の差が反映されている可能性もあり、そのまま利用頻度と関連づけた説明はできない。そのような限界もあるが、以下では特徴のある項目別に支出金額の世帯主世代間階層における違いを分析する。

表 2-8　世帯主年齢階層別にみる年間食料支出金額の変化率（2019 年→2020 年）

（単位：%）

	穀類	魚介類	肉類	乳卵類	野菜・海藻	果物	油脂・調味料	菓子類	調理食品	飲料	酒類	外食	平均
29 歳以下	20.2	12.2	21.9	8.5	22.7	28.8	14.1	6.6	2.9	11.6	9.9	△ 4.4	12.9
30 歳代	4.4	13.1	19.3	8.8	14.3	7.1	13.6	△ 2.3	5.7	3.5	20.8	△ 18.1	7.5
40 歳代	9.7	13.5	18.4	16.6	15.4	10.8	14.4	0.7	4.4	5.8	19.0	△ 22.0	8.9
50 歳代	4.6	5.1	9.8	5.0	9.8	6.5	9.5	△ 3.8	6.4	4.5	27.4	△ 23.6	5.1
60 歳代	2.3	1.3	6.7	7.0	5.6	2.8	9.0	△ 1.1	1.2	2.1	8.0	△ 29.6	1.3
70 歳以上	2.9	1.1	7.5	4.0	4.4	△ 0.2	5.7	△ 3.4	1.8	0.6	7.4	△ 35.7	△ 0.3
平均	7.4	7.7	13.9	8.3	12.0	9.3	11.0	△ 0.5	3.8	4.7	15.4	△ 22.2	

資料：図 2-1 に同じ。

2）穀類

表2-9によると、「穀類」は世帯主が「29歳以下」の階層で顕著に増加している。それを品目別にみると、「米」については支出金額、購入数量ともに他の年齢階層に比べて大きく伸びている。このことは「29歳以下」の層が文字どおり「自炊」をはじめたことを示していると考えられる。

また、「30歳代」「40歳代」で最も変化率が大きいのは「小麦粉」であり、これは子どもが家にいることでのお菓子作りとの関係が考えられる。ただし、それだけを要因とする変化なのかどうかは不明である。

3）果物

表2-10に示すとおり、「果物」についても「29歳以下」層の変化率の伸びが顕著であった。ただし、2020年は天候不順で青果物の価格が全般的に上昇しており、支出金額の変化が必ずしも新型コロナ禍と結びついているわけではない。

「29歳以下」層で数量の伸びがとくに大きかったのが、「りんご」「ぶどう」「桃」「キウイフルーツ」「果物加工品」であり、他の年齢階層の変化率との差を踏まえれば、自宅滞在が増えたことで、新たに購買層となった可能性もある。

4）外食

前述のとおり「外食」は年齢層が上がるほど減少率が大きくなる傾向があった。最も減少率が大きかった「70歳以上」層では「学校給食」を除くすべての項目でマイナスとなった。一方、最も減少率が小さかった「29歳以下」層では「日本そば・うどん」「中華そば」「中華食」「洋食」などで減少率が20％前後に達しているものの、「焼肉」と「ハンバーガー」ではいずれも22％の支出増加となっている。

これらの変化率の違いからは、高齢者が外食の利用を控えたのに対し、主に20歳代の若年層では外食を全面的に避けるのではなく、「焼肉」や「ハンバーガー」といった換気設備の整った外食店を選択的に利用したり、または外食店のテイクアウトを利用したりしていたことがうかがえる（**表2-11**）。

5．まとめ

新型コロナ禍は人々の経済活動を大きく制限し、それは食生活のあり方にも影響を及ぼした。外食産業では売上の減少に伴って危機的な状況に直面した一方、「巣ごもり需要」による家庭消費の増加、さらにはそれに伴うヒット商品の登場などもあった。これらの変化も大まかには指摘されてきていた。本章ではそのような状況について「家計調査」に基づいて３視点から分析することにより、新型コロナ禍が食料消費に与えた影響を明らかにしようとした。

都市階級別の分析では、感染状況の悪化により外出自粛が長期に渡った大都市の方が外食の落ち込み、それに代わる穀類や肉類の伸びという点で、新型コロナ禍の影響をより明確に示していた。世帯形態別の視点からは、単身世帯と学校の休校措置の影響を受けたとみられる２人以上世帯とでは、増減の様相が異なっていた。世帯主年齢階層別には、そもそもの食料消費支出の多寡が新型コロナ禍での支出の増減に違いを生じさせていること、落ち込み

表 2-9　2019 年から 2020 年における穀類の品目別支出金額・購入数量およびそれらの増減率

		29 歳以下			30 歳代			40 歳代	
		2019 年	2020 年	変化率	2019 年	2020 年	変化率	2019 年	2020 年
穀類	金額	45,908	55,189	20	69,326	72,370	4	82,653	90,630
米	金額	9,767	14,905	53	16,220	17,426	7	21,734	23,286
	数量	27.47	43.86	60	44.70	47.89	7	59.11	62.98
パン	金額	19,925	21,185	6	30,783	28,976	△ 6	36,191	36,441
	数量	30,740	33,204	8	45,925	43,761	△ 5	53,211	53,560
食パン	金額	4,718	5,921	25	8,524	8,654	2	10,020	10,845
	数量	11,333	12,644	12	18,727	18,987	1	21,652	22,903
他のパン	金額	15,206	15,264	0	22,260	20,322	△ 9	26,171	25,596
	数量	15,975	16,921	6	23,080	21,182	△ 8	27,380	26,864
麺類	金額	13,002	14,570	12	17,288	19,929	15	19,289	23,880
	数量	28,862	26,920	△ 7	34,448	40,765	18	37,743	46,200
生うどん・そば	金額	2,002	2,107	5	2,990	3,342	12	3,159	4,016
	数量	7,249	6,764	△ 7	10,568	11,967	13	10,629	13,705
乾うどん・そば	金額	665	734	10	1,274	1,453	14	1,389	1,697
	数量	1,478	1,660	12	2,060	2,675	30	2,281	2,691
スパゲッティ	金額	1,240	1,169	△ 6	1,475	1,735	18	1,619	2,125
	数量	3,732	3,421	△ 8	3,799	4,852	28	4,355	5,398
中華麺	金額	2,802	3,276	17	3,680	4,653	26	4,296	5,529
	数量	6,703	7,024	5	8,545	10,773	26	9,969	12,065
カップ麺	金額	4,600	4,871	6	5,225	5,609	7	5,824	6,695
	数量	3,679	3,859	5	4,406	4,379	△ 1	4,906	5,520
即席麺	金額	1,222	1,643	34	1,993	2,226	12	2,148	2,822
	数量	1,619	2,097	30	2,673	3,046	14	3,026	3,642
他の麺類	金額	471	771	64	650	910	40	855	995
	数量	492	829	68	744	913	23	921	1,104
他の穀類	金額	3,213	4,529	41	5,034	6,039	20	5,440	7,023
	数量	5,530	7,853	42	8,159	9,962	22	8,961	11,263
小麦粉	金額	296	459	55	557	762	37	609	857
	数量	1,454	2,124	46	2,223	3,012	35	2,449	3,458
もち	金額	616	520	△ 16	807	846	5	1,106	1,303
	数量	848	642	△ 24	1,289	1,217	△ 6	1,701	1,917
他の穀類のその他	金額	2,301	3,551	54	3,670	4,431	21	3,725	4,863
	数量	2,772	4,893	77	4,588	5,780	26	4,789	5,996

資料：図 2-1 に同じ。

表 2-10　2019 年から 2020 年における果物の品目別支出金額・購入数量およびそれらの増減率

		29 歳以下			30 歳代			40 歳代	
		2019 年	2020 年	変化率	2019 年	2020 年	変化率	2019 年	2020 年
果物	金額	11,960	15,408	29	19,524	20,919	7	23,673	26,227
生鮮果物	金額	11,288	13,896	23	17,887	18,795	5	21,138	23,272
	数量	25,982	30,762	18	34,924	35,051	0	42,294	42,858
りんご	金額	770	1,438	87	1,561	1,602	3	2,071	2,352
	数量	1,458	5,214	258	3,815	3,334	△ 13	4,869	5,189
みかん	金額	1,052	1,031	△ 2	2,022	1,946	△ 4	2,402	2,690
	数量	2,641	1,891	△ 28	4,552	4,197	△ 8	5,562	5,191
グレープフルーツ	金額	56	―	―	91	―	―	156	―
	数量	116	―	―	192	―	―	493	―
オレンジ	金額	165	331	101	290	367	27	517	633
	数量	413	427	3	599	919	53	1,215	1,458
他の柑きつ類	金額	452	526	16	618	774	25	1,021	1,295
	数量	968	1,000	3	1,233	1,529	24	2,149	2,813
梨	金額	399	359	△ 10	545	505	△ 7	792	795
	数量	948	624	△ 34	998	688	△ 31	1,581	1,383
ぶどう	金額	898	1,404	56	1,798	1,980	10	1,956	2,144
	数量	655	1,264	93	1,606	1,618	1	1,740	1,611
柿	金額	130	176	35	184	234	27	359	380
	数量	491	357	△ 27	419	561	34	884	780
桃	金額	198	475	140	380	339	△ 11	433	427
	数量	219	654	199	427	350	△ 18	534	431
すいか	金額	357	296	△ 17	593	552	△ 7	717	674
	数量	780	265	△ 66	1,687	947	△ 44	2,099	1,551
メロン	金額	157	117	△ 25	263	294	12	361	333
	数量	162	109	△ 33	330	496	50	666	462
いちご	金額	1,451	1,640	13	2,893	2,927	1	2,714	3,198
	数量	987	857	△ 13	2,017	1,875	△ 7	1,835	2,160
バナナ	金額	2,476	2,947	19	3,087	3,314	7	2,906	3,404
	数量	10,754	11,673	9	11,620	12,438	7	11,005	12,389
キウイフルーツ	金額	530	1,209	128	1,172	1,259	7	1,451	1,654
	数量	732	1,412	93	1,370	1,501	10	1,712	1,887
他の果物	金額	2,198	1,946	△ 11	2,391	2,703	13	3,283	3,292
	数量	3,618	2,702	△ 25	2,780	3,512	26	4,053	4,533
果物加工品	金額	672	1,512	125	1,637	2,123	30	2,535	2,955

資料：図 2-1 に同じ。

（世帯主の年齢階層別）　（単位：円、g、%）

	50歳代			60歳代			70歳以上		
変化率	2019年	2020年	変化率	2019年	2020年	変化率	2019年	2020年	変化率
10	82,643	86,429	5	81,442	83,340	2	75,666	77,883	3
7	23,674	24,301	3	24,739	24,715	△ 0	25,659	25,904	1
7	63.05	64.42	2	67.72	67.25	△ 1	66.90	69.52	4
1	34,994	34,102	△ 3	32,504	31,216	△ 4	28,825	28,543	△ 1
1	47,879	47,421	△ 1	44,400	43,915	△ 1	42,511	43,137	1
8	10,292	10,398	1	10,032	10,591	6	10,236	10,511	3
6	20,321	20,825	2	19,342	20,274	5	20,431	21,198	4
△ 2	24,702	23,704	△ 4	22,472	20,625	△ 8	18,589	18,032	△ 3
△ 2	24,636	23,936	△ 3	22,285	21,318	△ 4	19,466	19,604	1
24	18,486	22,049	19	18,772	21,430	14	15,887	17,857	12
22	33,450	40,530	21	34,634	37,439	8	28,915	32,139	11
27	3,053	3,699	21	3,512	3,851	10	3,482	3,704	6
29	9,182	11,778	28	9,957	10,897	9	9,566	10,388	9
22	1,732	1,831	6	2,583	2,899	12	2,813	3,148	12
18	2,627	2,872	9	3,896	4,274	10	3,709	3,939	6
31	1,446	1,795	24	1,068	1,395	31	703	922	31
24	3,555	4,904	38	2,547	3,217	26	1,646	2,134	30
29	3,961	4,976	26	4,173	4,879	17	3,559	4,128	16
21	8,380	10,135	21	8,815	9,549	8	7,126	8,105	14
15	5,663	6,404	13	4,811	5,345	11	3,304	3,661	11
13	4,850	5,188	7	4,185	4,361	4	2,909	3,083	6
31	1,900	2,467	30	1,984	2,308	16	1,496	1,742	16
20	2,682	3,310	23	2,921	3,103	6	2,074	2,256	9
16	732	878	20	640	752	18	531	551	4
20	722	916	27	659	782	19	527	601	14
29	5,489	5,977	9	5,427	5,979	10	5,294	5,580	5
26	8,069	9,353	16	8,431	9,068	8	8,016	8,600	7
41	541	684	26	678	776	14	605	715	18
41	2,052	2,553	24	2,489	2,716	9	2,093	2,441	17
18	1,348	1,405	4	1,879	2,035	8	2,561	2,554	△ 0
13	1,443	1,936	34	2,384	2,576	8	3,270	3,179	△ 3
31	3,600	3,887	8	2,871	3,169	10	2,129	2,311	9
25	4,407	4,860	10	3,478	3,840	10	2,577	2,933	14

（世帯主の年齢階層別）　（単位：円、g、%）

	50歳代			60歳代			70歳以上		
変化率	2019年	2020年	変化率	2019年	2020年	変化率	2019年	2020年	変化率
11	30,996	33,004	6	46,006	47,278	3	55,656	55,548	0
10	27,541	29,079	6	41,952	42,615	2	51,869	51,666	△ 0
1	52,458	55,243	5	83,408	82,170	△ 1	107,739	102,783	△ 5
14	2,913	3,006	3	5,220	5,741	10	8,003	8,102	1
7	6,404	6,476	1	12,379	12,024	△ 3	18,494	15,970	△ 14
12	3,268	3,141	△ 4	5,040	4,905	△ 3	6,235	6,412	3
△ 7	6,989	7,333	5	11,039	10,897	△ 1	14,110	15,554	10
—	205	—	—	250	—	—	286	—	—
—	575	—	—	697	—	—	913	—	—
22	557	593	6	640	813	27	760	938	23
20	1,238	1,347	9	1,433	1,890	32	1,745	2,142	23
27	1,544	1,989	29	2,403	2,849	19	3,352	3,768	12
31	3,138	3,913	25	4,921	6,185	26	7,473	8,445	13
0	1,270	1,305	3	2,204	2,024	△ 8	2,736	2,304	△ 16
△ 13	2,331	2,201	△ 6	3,863	3,259	△ 16	4,626	3,417	△ 26
10	2,237	2,474	11	3,572	3,797	6	3,730	3,936	6
△ 7	1,730	1,719	△ 1	2,819	2,614	△ 7	3,323	2,927	△ 12
6	555	559	1	1,112	1,173	5	1,943	2,051	6
△ 12	1,204	982	△ 18	2,481	2,529	2	4,667	4,534	△ 3
△ 1	711	906	27	1,230	1,233	0	1,683	1,483	△ 12
△ 19	860	971	13	1,418	1,340	△ 6	1,943	1,564	△ 20
△ 6	894	1,174	31	1,685	1,485	△ 12	1,879	1,745	△ 7
△ 26	2,277	2,804	23	4,483	3,617	△ 19	5,336	4,286	△ 20
△ 8	601	842	40	1,344	1,220	△ 9	1,533	1,551	1
△ 31	872	1,503	72	2,112	1,997	△ 5	2,824	2,809	△ 1
18	3,080	3,231	5	4,002	3,749	△ 6	3,904	3,855	△ 1
18	2,128	2,159	1	2,677	2,425	△ 9	2,535	2,531	△ 0
17	3,760	3,872	3	5,850	6,249	7	7,046	7,185	2
13	13,840	14,382	4	22,008	22,751	3	25,646	25,685	0
14	1,549	1,796	16	2,392	2,212	△ 8	2,931	2,853	△ 3
10	1,795	2,112	18	2,842	2,591	△ 9	3,449	3,288	△ 5
0	4,397	4,190	△ 5	5,009	5,164	3	5,848	5,483	△ 6
12	4,523	5,183	15	5,611	5,692	1	6,602	6,380	△ 3
17	3,455	3,926	14	4,053	4,663	15	3,787	3,882	3

表 2-11　2019 年から 2020 年における外食の品目別支出金額およびその増減率

	29 歳以下			30 歳代			40 歳代		
	2019 年	2020 年	変化率	2019 年	2020 年	変化率	2019 年	2020 年	変化率
外食	178,911	171,113	△ 4	224,644	183,968	△ 18	233,153	181,848	△ 22
一般外食	173,336	164,193	△ 5	198,946	162,165	△ 18	201,920	153,395	△ 24
食事代	142,428	138,138	△ 3	165,464	142,388	△ 14	169,364	135,165	△ 20
日本そば・うどん	5,226	4,093	△ 22	6,719	5,194	△ 23	6,492	5,239	△ 19
中華そば	9,446	7,336	△ 22	10,216	7,987	△ 22	10,184	8,044	△ 21
他の麺類外食	2,923	2,892	△ 1	3,628	2,692	△ 26	3,502	2,525	△ 28
すし（外食）	12,000	13,204	10	16,204	16,612	3	16,127	15,149	△ 6
和食	23,309	21,885	△ 6	24,843	21,351	△ 14	23,540	20,387	△ 13
中華食	4,412	3,622	△ 18	4,779	3,944	△ 17	5,358	4,613	△ 14
洋食	12,773	10,587	△ 17	15,340	11,169	△ 27	16,145	12,282	△ 24
焼肉	8,865	10,855	22	9,024	9,686	7	9,965	8,619	△ 14
ハンバーガー	8,171	9,944	22	9,745	11,134	14	8,341	9,922	19
他の主食的外食	55,303	53,721	△ 3	64,965	52,621	△ 19	69,711	48,383	△ 31
喫茶代	8,976	8,086	△ 10	9,886	7,539	△ 24	8,603	6,428	△ 25
飲酒代	21,932	17,968	△ 18	23,596	12,238	△ 48	23,953	11,802	△ 51
学校給食	5,575	6,920	24	25,698	21,803	△ 15	31,233	28,454	△ 9

資料：図 2-1 に同じ。

が激しかった外食については、高齢者層が全面的に利用を回避していたとみられるのに対し、29歳以下層の若年層においては外食を使い分けていることがうかがえた。

以上のとおり、新型コロナ禍による食生活の変化は居住地域や世帯形態、世帯主年齢によって一様ではないことが明らかになった。このことは今後、感染症拡大といった同様の事態を迎えたときに、これらを踏まえた食料供給対策を講じる必要があることを示唆している。今回の新型コロナ禍においては外食産業が大きな損失を被っているが、これも外食の営業が規制されるなかで、「持ち帰り」への切り替えといった対応策を外食事業者側も保持しておくことの重要性を示したといえる。

本章では新聞記事などを踏まえつつ変化の背景について触れてはいるものの、それらは根拠に乏しい推測にすぎない。家計調査から明確にわかるのは、新型コロナ禍による食料消費への影響、ひいては食生活への影響が地域や世帯によって一様ではないということに尽きる。今回の新型コロナ禍での変化

（世帯主の年齢階層別）　　（単位：円、％）

50歳代			60歳代			70歳以上		
2019年	2020年	変化率	2019年	2020年	変化率	2019年	2020年	変化率
212,373	162,223	△ 24	166,196	116,935	△ 30	113,906	73,211	△ 36
204,585	156,043	△ 24	165,533	116,570	△ 30	113,542	72,817	△ 36
169,295	136,201	△ 20	137,834	101,450	△ 26	95,051	64,398	△ 32
6,841	5,971	△ 13	7,716	5,647	△ 27	5,612	3,578	△ 36
8,491	7,093	△ 16	6,158	5,291	△ 14	4,266	2,712	△ 36
3,679	2,433	△ 34	2,393	1,593	△ 33	1,345	753	△ 44
15,270	14,123	△ 8	15,616	12,868	△ 18	13,076	9,471	△ 28
26,710	23,156	△ 13	24,671	19,333	△ 22	18,422	12,780	△ 31
5,977	5,167	△ 14	5,652	4,399	△ 22	3,384	2,701	△ 20
16,203	11,877	△ 27	11,947	8,546	△ 28	6,882	4,494	△ 35
9,666	8,408	△ 13	6,286	4,660	△ 26	3,427	2,222	△ 35
5,298	6,065	14	2,664	2,761	4	1,318	1,302	△ 1
71,160	51,908	△ 27	54,731	36,351	△ 34	37,319	24,384	△ 35
9,394	6,626	△ 29	7,766	5,144	△ 34	5,792	3,990	△ 31
25,896	13,216	△ 49	19,933	9,976	△ 50	12,699	4,429	△ 65
7,788	6,180	△ 21	663	364	△ 45	364	395	9

を将来の食料需給の教訓とするためには、より詳細な調査と分析が必要となろう。

注

1）魚介類の変化率は「大都市」で６％増、「中都市」「小都市Ａ」「小都市Ｂ・町村」はいずれも４％増であった。ただし、2020年はさんまの不漁などの変動要因もあり、一概にこの値を評価することは難しい。

参考資料

日本経済新聞電子版（2020a）2020年６月４日付「外食がハンバーガー業態に期待　ロイヤルHDや鳥貴族」（https://www.nikkei.com/news/printarticle/?R_FLG=0&bf=0&ng=DGXZQOUC024B50S1A600C2000000）

日本経済新聞電子版（2020b）2020年６月８日付「クックパッド系　子どもとつくれるクッキー材料キット」（https://www.nikkei.com/news/printarticle/?R_FLG=0&bf=0&ng=DGXMZO60098730Y0A600C2000000）

日本経済新聞電子版（2020c）2020年８月21日付「食品スーパー売上高、7月の既存店5.6%増　青果高やウナギ好調で」（https://www.nikkei.com/news/

printarticle/?R_FLG=0&bf=0&ng=DGXLASFL21HF7_R20C20A8000000）
日本経済新聞電子版（2020e）2020年11月16日付「米国産牛肉、11%高　中・韓の需要増が波及」（https://www.nikkei.com/news/printarticle/?R_FLG=0&bf=0&ng=DGXLASFL22HXY_S0A620C2000000）
日本経済新聞電子版（2021）2021年2月14日付「巣ごもり消費とは　冷凍食品やゲーム売れる」（https://www.nikkei.com/news/printarticle/?R_FLG=0&bf=0&ng=DGXZQODZ132KX0T10C21A2000000）
日経産業新聞電子版（2020）2020年10月22日付「急冷・小型化、コロナ禍で急増の冷食　新技術に磨き」（https://www.nikkei.com/news/printarticle/?R_FLG=0&bf=0&ng=DGXMZO65275960R21C20A0X13000）
日本食糧新聞電子版（2020）2020年9月27日付「小売・畜産動向　手作り需要でひき肉増」（https://news.nissyoku.co.jp/news/hirose20200914101112837）

（河村 昌子・杉村 泰彦）

第3章

子育て世帯における食生活の変化

1．はじめに

日本では2020年１月に最初の新型コロナ感染者が確認されて以降、感染者数が増加し、同年４～５月にかけて緊急事態宣言が出される事態となった。その後、何度も流行が繰り返され、2022年５月時点で感染者数は減少傾向にあるものの、再拡大が懸念される状況が続いている。

この２年余りの間、消費者はそれまでとは異なる生活を送ることになった。とくに最初の緊急事態宣言下においては、休校措置や外出自粛要請により非日常的な生活を余儀なくされた。この時期、消費者の食品の購買行動や食事内容も、普段とは大きく異なる非日常的なものであったと想像できる。一方、新型コロナ禍が長期化するなか、ワクチン接種やさまざまな感染対策が進み、状況に応じて行動制限が緩和されるとともに、通勤や通学が流行前とほぼ同様に戻るなど、消費者をとりまく状況は少しずつ変化している。そのため、食生活の実態もまた変化していると考えられる。

そこで、本章では首都圏およびその近郊（茨城県）に住む子育て世帯の消費者を対象に、新型コロナ流行に伴う食生活の変化の実態を明らかにする。首都圏およびその近郊の消費者は本書で事例分析の主な対象としている沖縄県をはじめとする全国の農業・農村からみると、いわば主要な顧客の１つと位置づけられる。そのような顧客への農産物の供給にあたっては、新型コロナ禍の継続、あるいは終息後における消費者の食生活のあり方やその背後にある意識を把握しておくことが重要である。

2．分析の視点

新型コロナ禍における食品の購買行動や調理・喫食行動に関する研究は、流行初期から国内外で蓄積されてきている。たとえば小西（2020）は調理時間を短縮できる主食・加工食品や嗜好品、調味料等の購買量が増加していることを示し、簡便化志向と手作り志向の両方がみられると指摘している[1)]。ただし、先行研究のほとんどは消費者へのアンケートやPOSデータを用いて、流行初期の食品の購買や喫食の動向について流行前からの変化を含めて明らかにしたものである。

しかし、この時期の新型コロナ流行は買い物を含む外出の自粛が求められるがゆえに調達が必要な食品の量が増加するなど、消費者にとって複雑な状況をもたらした。また、食生活への影響はそれぞれの消費者が置かれた環境や生活スタイルによっても異なると考えられる。そのため、消費者の個別の事情を詳細に捉えることによって食生活の実態に接近することも重要となる。さらにその際には、前述のように流行が長期化するなかでの生活スタイルの変化にも着目し、最初の流行期以降の食生活の変化を継続的に捉えていく必要がある[2)]。

そのため、本章では同じ消費者へのインタビューを１年程度の間隔をあけて２回行い、新型コロナ流行前から最初の感染拡大期である2020年４～５月とその約１年後の2021年３～５月における食品の買い物状況や食事内容の変化を把握する[3)]。分析にあたっては、とくに次の点に着目する。食品の基本的な消費単位は世帯であることから、世帯の主たる購買・調理担当者の行動は家族の就業・就学状況や休日の過ごし方といった生活スタイルを反映したものになると考えられる[4)]。前述のとおり2020年４～５月にかけての最初の流行期には、休校措置や厳しい外出自粛要請により子どもを含めた消費者の生活スタイルはそれまでとは一変した。そこで、このように自由な外出に一定の制限が設けられ、かつ感染の不安があるという非日常的な状況下での食生活がどのようなものであったかを具体的に明らかにする。

一方で、このような家族の生活スタイルの変化が新型コロナ禍での食生活の変化の主要な要因の１つであるならば、生活スタイルが以前の状態に戻れば食生活もまた元に戻る可能性が高い。Sheth（2020）は理論的な検討をもとに「新型コロナ禍の終息により、消費者のほとんどの習慣は元どおりになると考えられるが、より便利な、あるいは手頃な、アクセスしやすい選択肢を発見した場合は、以前の習慣に取って代わるだろう」としている。本章ではこの指摘が食生活にも適用し得るかを検討するとともに、新型コロナ終息後に食生活がどのように変化していくかについても考察を加える。

３．調査と分析の方法

調査対象者の属性の設定と選定は次のように行った（**表3-1**）。対象地域は人口密度が高く感染者数が多い東京、神奈川、千葉、埼玉の１都３県（以下、「首都圏」）と、それらに比べて人口密度が低く感染者数が少ない茨城県の２地域である。また、夫と小学生以下の子どもがいて、世帯内で食品の買い物や食事の用意を主に担当している女性を対象とした。さらに、対象者の就業状況としてフルタイム、パートタイム、無職を設定し、有職者は主に在宅勤務していた者（休業により在宅していた者）とした。

これらの条件を満たす対象者を茨城県在住者は機縁法（友人・知人の紹介）

表 3-1　インタビューの方法と内容

	地域	調査時期	調査方法	調査内容
1回目	首都圏	2020 年 8 月	オンライン (Zoom)	家族構成、普段の就業・就学状況、4～5 月（緊急事態宣言下）の家族の過ごし方、食品の買い物、食事の形態や内容等
	茨城県	2020 年 6～7 月	対面	
2回目	首都圏	2021 年 5 月	オンライン (Zoom)	調査時点（首都圏は緊急事態宣言の期間を含む。茨城県は宣言なし）での家族の状況、食品の買い物、食事の形態や内容等
	茨城県	2021 年 3～4 月	対面	

資料：筆者作成。
注：「首都圏」は東京都、神奈川県、千葉県、埼玉県の都市部。

により、首都圏在住者は（株）マーケティングリサーチサービスに依頼し、各地域で５～６人、計11人を選定した。茨城県内での選定の結果、フルタイムとパートタイムのみになったことから、無職の対象者を確保するため首都圏ではフルタイムと無職を選定した。新型コロナ禍で計画的な調査の見通しが立たないなかでの緊急的な調査であったことから、このような選定方法となった。

調査内容は家族の生活状況や食品の買い物、食事の形態や内容等である。２回とも首都圏在住者はオンラインで、茨城県在住者は対面で、１人１時間程度の個別のインタビューを行った。１回目の調査は2020年６～８月、２回目の調査は2021年３～５月に実施した。なお、対象者によって状況や行動が異なると予想し、事前に基本的な質問項目は用意するが回答に応じて質問を追加する形（半構造化インタビュー）をとったため、詳細な質問内容は必ずしも統一されていない。

対象者の概要を**表3-2**に示す。子どもの数は１人ないし２人で、世帯年収は「400 ～ 600万円」から「1,200万円以上」まで幅があり、茨城県在住者は高収入層がやや多い[5)]。有職者は夫婦ともすべて被雇用者で、新型コロナ流行前には在宅勤務者はいない。なお、夫を含め新型コロナ流行の影響で収入

表 3-2　調査対象者の概要

		A	B	C	D	E	F	G	H	I	J	K
居住地		首都圏						茨城県内の都市部				
就業状況*		フルタイム			無職			フルタイム			パートタイム	
年代*		40 代	30 代	40 代	30 代	30 代	40 代	40 代	30 代	50 代	40 代	40 代
世帯員数（人）		4	4	4	4	4	4	3	4	3	3	4
子供の数（人）		2	2	2	2	2	2	1	2	1	1	2
子供の学年*		小 1 保育園	小 3 保育園	小 5 小 2	小 2 幼稚園	小 3、3 才 （未就園）	小 5 小 1	保育園	小 2 保育園	小 3	幼稚園	中 1 小 5
世帯年収 （万円、2019 年）		800- 1000	400- 600	600- 800	400- 600	不明	800- 1000	1200-	1000- 1200	1200-	600- 800	600- 800
収入変化 （対 2019 年）	2020 年 4~5 月	やや減	やや増	ほぼ無 （一時的 に減）	ほぼ無	ほぼ無	ほぼ無	ほぼ無	ほぼ無	ほぼ無	ほぼ無	ほぼ無
	2121 年 3~5 月	やや減	やや増	ほぼ無	ほぼ無	ほぼ無	ほぼ無	ほぼ無	ほぼ無	ほぼ無	ほぼ無	ほぼ無

資料：表 3-1 に同じ。

注：1）「*」を付した就業状況、年代、子どもの学年は 2020 年時点。E の第 2 子は 2021 年から幼稚園に通っている。Fは2021年からパートタイムで短時間就業。

2）世帯年収（2019 年）と収入の変化は 2 回目のインタビューの前後（2021 年 4~5 月）にアンケートにより把握。うち収入の変化は 2019 年の平均月収と比べた対象月の収入を質問した。「1 ~4 割程度減少」を「やや減」、「ほとんど変化なし」を「ほぼ無」、「1.1 倍~1.5 倍未満」を「やや増」と表記。

が変動したのはごく少数であり、本章の調査対象は世帯として経済的な影響がなかった、あるいは少なかった世帯に限定した分析となっている。

4．新型コロナ禍における家族の状況

1）2020年４～５月

まず、最初の新型コロナ流行期で、緊急事態宣言が発出された時期である2020年４～５月を対象に、家族の就業や在宅の状況、そこでの生活上のストレスや不安、感じたことなどを**表3-3**で確認する。

本人の主な就業形態についてみると、通勤と在宅勤務を併用していたのは１人（C）だけで、他の有職者は在宅していた。夫については在宅勤務だったケースのほか、一時期のみ在宅勤務、通常どおり通勤などさまざまなケースがあった。また、有職者の子どもの状況も多様であった。学童保育や保育所が利用できたため預けていた（B、C、G、J）、４月は学童保育を利用していたが、感染を懸念して５月は利用しなかった（I）、利用自粛を要請され、また感染の不安等から自宅で子どもをみていた（A、H）、下の子どもは学童保育を利用できたが、上の子どもは家にいた（C）などである。このように夫や子どもの就業・在宅の状況はさまざまで、とくに地域差はみられないが、子どもの外出に関しては、茨城県では子どもが公園などへ外出しているのに対し、首都圏では「早朝などの人が少ない時間帯に家族で散歩する（F）」を除いて子どもはほとんど外出しておらず、状況が大きく異なることがうかがえる。

また、小学校低学年以下の子どもをみながら在宅勤務をしていたA、H、Iは、揃って子どもの相手に時間がとられたとしている。そのため、親子で過ごす時間ができたことを評価しつつも、「一日中子どもを構っていないといけないのがストレス（H）」「このまま休校が続いたら仕事を続けられないかも（A）」など、子どもがいるなかでの在宅勤務の難しさを述べている。これに対し、通常どおり幼稚園を利用していたJと、夫が通勤し子どもも比

表 3-3　調査対象者の世帯の状況

			A	B	C	D	E	F	G	H	I	J	K
2020 年 4〜5 月	本人の就業		在宅	在宅	在宅・出勤	—	—	—	在宅	在宅	在宅	在宅	なし（有給）
	夫の就業		出勤	出勤	在宅・出勤	出勤	在宅	在宅	在宅	在宅・出勤	在宅・出勤	出勤	出勤
	子どもの状況【外出】		在宅【ほぼ無】	学童/保育園【休日は無】	在宅/学童【休日は無】	在宅【ほぼ無】	在宅【ほぼ無】	在宅【散歩のみ】	保育園【公園等】	在宅【公園等】	在宅【公園等】	幼稚園【公園等】	在宅【近所】
	大変（不安）だったこと・行動	家族・生活	子どもの世話や料理等の家事が大変	休日の子どもの世話が大変	子どもの世話、在宅での仕事と家事がストレス	ずっと子どもと過ごすのが大変	子どもの世話が大変	—	休日の子どもの相手が大変	一日中子どもの相手をするのが大変	子どもの世話が大変	特になかった	特になかった
			休校が続いたら仕事が続けられないかもと不安		嘱託のため仕事半減で不安	趣味の食べ歩きができないのはつらい	在宅勤務中の夫に気を遣った		外出自粛や人と会えないのがストレス	非日常の状況自体がストレス			
		ウイルス感染	一般的な風邪対策でよい	保育園での感染が不安	子どもの感染が不安	夫の通勤時の感染が心配	心配で子どもは外出させなかった	購入品を消毒。家族だけで過ごした	子どもの感染が心配（リスクを調べてから預けた）	保育園での感染が心配で休ませた	学童での感染が心配で休ませた	夫の通勤時の感染が心配	あまり心配しなかった
		買い物全般	食品や衛生用品を見かけるたびに購入	—	—	欲しいものが品切れだと不安。別の店へ	—	衛生用品の品切れで、開店時に並んだ	—	食品が品切れでも、田舎だから大丈夫と思った	—	スーパーで品切れの棚を見たら少し不安に	—
	よかったこと		親子で過ごせた	時間に余裕あった	—	—	—	オンラインで交流	—	—	親子で過ごせた	—	—
2021 年 3〜5 月	本人の就業		在宅が主	在宅	出勤が主	—	—	在宅・出勤	出勤	出勤	出勤	出勤	出勤
	夫の就業		出勤	出勤	在宅・出勤	出勤	在宅	在宅・出勤	在宅・出勤	出勤	出勤	出勤	出勤
	子どもの通学・習い事		通常	通常	通常	通常	通常（第 2 子入園）	通常	通常	通常	通常	通常	通常
	休日の過ごし方		弁当を持って公園・キャンプへ	外出減少（弁当を持って公園・河川敷へ）	外出減少（公園、実家へ）。人込み避ける	外出減少（車で公園へ）。ショッピングモール避ける	公園、ショッピングモールへ	外出減少（公園・プールへ）	公園	公園	公園、スポーツ	公園、プール、実家	子どものスポーツ
	遠出（20 年夏以降）		遊園地（日帰り）	なし	キャンプ、遊園地（日帰り）	車で遊園地（日帰り）、帰省	遊園地（日帰り）、帰省	キャンプ（県内）	なし	旅行（アウトドア）	近県へ旅行（人の少ない所）	水族館、アウトドア	なし（感染拡大で旅行キャンセル）

資料：表 3-2 に同じ。
注：1）「—」は該当なしを示す。
　　2）本人と夫の就業での「在宅」は「在宅勤務」、子どもの「在宅」は休校・休園措置による在宅を示す。

較的自由に外出していたKは、「大変なことはとくになかった」と述べている。

無職のD、Eもまた、子どもとずっと一緒に過ごす生活が大変であると述べており、さらに平日に学童保育や保育所を利用していたB、Gも、休日に家族で外出できず、子どもの相手が大変だったと述べている。子どもの習い事やスポーツ活動はすべて休止になっており、在宅勤務をはじめとするこれらの生活スタイルの変化は、対象者の心理面にも影響していた。

一方で、このような外出機会の減少は、家族が一緒に過ごす時間の増加をもたらしていた。とくに在宅勤務による通勤時間の削減は、日常生活における時間的・精神的余裕を生み出すケースもあった（「分刻みの生活だったが、通勤がないと人間らしい生活ができた。子どもとの時間もとれた（B）」）。これらは後述するように、食生活のあり方にも影響を与えていた。

感染の不安や対策については、「一般的な風邪対策で大丈夫（A）」から「子どもは外に出さないようにした（E）」「購入品はすべて消毒（F）」などさまざまであった。その他の生活上の不安やストレスに関することとしては、店頭での日用品等の品切れに不安を感じ「別の店に探しに行った（D）」「開店時に並んだ（F）」、外出自粛要請に対して「趣味の食べ歩きができないのがつらい（D）」「外出自粛や人と会えないことがストレス（G）」といったことが挙げられた（ただし「家にいるのが好きなのでストレスではなかった（K）」という意見もあった）。さらに、嘱託として働くCは「強制的に休みをとらされ、給料が半分になり今後が不安になった」とこの時期には経済的な不安があったとしている。

２）2021年３～５月

約１年後の2021年３～５月は首都圏では２回目の緊急事態宣言およびその後のまん延防止等重点措置（東京都では加えて３回目の緊急事態宣言）が発出された時期である（茨城県ではいずれも適用されていない）。この時期の対象者の就業形態をみると、首都圏では一部で本人（A、B）あるいは夫（C、E、F）の在宅勤務が継続しているが、茨城県ではGの夫以外は出勤している。

また、子どもの通学・通園や習い事はどちらの地域も普段どおりに戻っている。

このように、対象者と家族の生活スタイルは一部で在宅勤務が続いていることを除くと、ほぼ以前の形に戻っている。しかし、休日の過ごし方は以前と同じではない。首都圏では一部の人は外出頻度を減らしている（B、C、D、F）。全体的に公園へ出かけることが多いが、それ以外にも河川敷やキャンプなど屋外で人の少ない所を選び、弁当を持参する（A、B）、公園に車で行く（D）など、感染リスクが考慮されていることがうかがえる。旅行や帰省などの遠出についても、していない人（B、G、K）がいるほか、遠出をする場合も県内や近県、日帰りにとどめる（A、C、D、E、F、Ｉ）、キャンプやアウトドアなど人との接触が少ない形態を選ぶ（C、F、H、Ｊ）といったように、ここでも感染リスクを考慮した行動がとられている。

5．食品の購買に関する行動・意識とその変化

1）2020年４～５月

つぎに、**表3-4**より食品の購買行動をみていく。2020年における対象者の主な食品の購入先はスーパーで、５人は生協の宅配も利用している。新型コロナ前からの変化について全体的な傾向としては、スーパーの利用頻度が減少し、生協利用者は注文量を増やしている。そして、このスーパーの利用頻度の減少と生協での欠品の発生、家庭での食事回数の増加から、１回当たりのスーパーでの購入量は増加している（ただし、購入頻度に変化がない（H、Ｊ）、在宅勤務時の昼食の購入のため頻度を増やす（G）場合もある）。

購入先の店舗については、茨城県の５人は変化がない。一方、首都圏では普段は週末に規模の大きな店舗でまとめ買いし、平日に自宅や職場近くの小規模店舗で買い足すというケースが主であったが、購入頻度の減少に伴い、それら小規模店舗の利用をやめているケースがみられる。さらに、大容量商品を販売するスーパーや低価格帯スーパーへの移行（C、D）もみられる。

表 3-4　食品の購買行動と意識

		A	B	C	D	E	F	G	H	I	J	K
以前の購入先		スーパー・生協	スーパー（大+小）	スーパー	小規模スーパー	スーパー（大+小）	スーパー・生協	スーパー・生協	スーパー	スーパー	スーパー・生協	スーパー・生協
2020 年 4～5 月	主な購入先の変化	生協が主に	スーパー（大）のみ	大容量スーパー主）・ネットスーパー	大容量スーパー主	ネットスーパー併用	スーパー（大）・ネット	変化なし	変化なし	変化なし	変化なし	変化なし
	買い物頻度	減（4→2）	減（4→2）	減（5→2）	減（4→1）	減（4→3）	減（5→2）	減（3→2）	減（3→1）	減（4→2）	（3→3）	減（5→3）
	購入品の変化（主なもの）※ネット通販（取り寄せ）を含む	レトルト・冷凍・弁当増（子供が好きですぐ食べられる）	冷凍食品増（学童の弁当用）	カップ麺・レトルト・冷凍等増（子供が好きですぐ食べられる）	冷凍・レトルト・缶詰増（手間を省くため）	アイス・ケーキ増	レトルト・缶詰・菓子増（お楽しみ、備蓄用）	弁当・惣菜増（在宅勤務時の昼食用）	惣菜（昼食用）・調味料・缶詰・乾物増	麺類・パン・料理の素増（昼食・おやつ用）	なし	なし
		肉・菓子（取寄せ含む）増（外食できないので）	菓子増	肉増（外食できないので）	菓子・有機野菜（取寄せ含む）増（他に楽しみがない）		生鮮品減	菓子・肉（取寄せ含む）増（他に楽しみがない）	野菜・魚減	取寄せ（惣菜・肉・菓子）増（簡便化・楽しみ）		
	食品の在庫量	増	*	増（米・缶詰・レトルト）	増（缶詰・シリアル等）	変化なし（少ない）	増（レトルト・缶詰）	変化なし（備蓄あり）	増（調味料・乾物・缶詰）	増（保存できる野菜）	変化なし（少ない）	変化なし（少ない）
	ネット通販利用	あり	なし（以前からなし）、取り寄せを検討	あり（変化なし）	あり（以前なし）	なし（以前からなし）、取り寄せを検討	あり（変化なし）	あり（以前より増）	なし（以前からなし）	あり（以前より増）	なし（以前からなし）	なし（以前からなし）、取り寄せを検討
	選び方（産地・安全性・健康・包装形態等）	健康（ダイエット）意識低下	変化なし	大容量パックを購入	*	変化なし	*	変化なし（元々国産志向）	変化なし	変化なし（元々国産志向）	変化なし	変化なし（元々国産安全志向）
2021 年 3～5 月	主な購入先	昨年と同じ	以前に戻った	昨年と同じ	以前の店+昨年の店	以前に戻った	以前に戻った	変化なし	変化なし	変化なし	変化なし	変化なし
	買い物頻度	以前より減（在宅勤務による）	以前に戻った	以前に戻った	以前より減（感染防止のため）	以前に戻った	以前に戻った	以前に戻った	以前より減（生活に合致）	以前に戻った	変化なし	以前より減（生活に合致）
	購入品の変化（主なもの）※ネット通販（取り寄せ）を含む	レトルト等増えたまま	冷凍食品以前より増	冷食等増えたまま（昼食用）	冷凍食品昨年より減	冷凍・パン以前より増（夫婦の昼食用）	以前に戻った	取寄せ（菓子・肉）増えたまま	惣菜昨年より減（買い物頻度減による）	取寄せ（惣菜・肉・菓子）増えたまま	アボカド、納豆増（免疫力向上のため）	変化なし（以前と同じ）
		肉（取寄せ含む）増えたまま（外食の代わり）	菓子昨年より減 ブロック肉以前より増（本格料理・備蓄用）	発酵食品以前より増 肉魚・菓子（取寄せ含む）以前より増（旅行代わり）	菓子（楽しみで購入）・有機野菜増えたまま（取寄せは昨年より減）	他は以前に戻った		他は以前に戻った	調味料、菓子は以前より増	他は以前に戻った	他は変化なし（以前と同じ）	
	食品の在庫量	*	以前より増加	以前より増加	以前より増加	変化なし（少ない）	以前に戻った	変化なし（備蓄あり）	以前より増加	以前に戻った	変化なし（少ない）	変化なし（少ない）
	選び方（産地・安全性・健康・包装形態等）	健康（ダイエット）意識低下継続	変化なし	やや健康（免疫力）を重視	産地・安全性を重視	変化なし	*	やや健康を重視	変化なし	変化なし	より健康（免疫力）を重視	むき出し商品回避（感染不安）

資料：表 3-2 に同じ。

注：1）「-」は該当なし、「*」は不明、「以前」は新型コロナ流行前を示す。「増」は増加、「減」は減少を示し、2020 年は新型コロナ流行前から、2021 年は前年からの変化。

2）スーパーの「大」は大規模スーパー（駐車場あり）、「小」は小規模スーパー、「大容量」は商品当たり入り数・重量が多い店舗。「生協」は宅配。

3）2020 年の買い物頻度は生協宅配やネットスーパーを含む週当たりのおよその回数。矢印の前は新型コロナ流行前、矢印の後は当該時期の状況。

また、２人（C、E）が外出を減らすためにネットスーパーを利用するなど、首都圏と茨城県で異なる傾向が確認された。

スーパー等で購入する品目については、変化がないのは２人（J、K）だけで、その他では何らかの変化がみられた。とくに子どもが家にいるなかで在宅勤務をしていたA、C、H、Iや、子どもは保育所に預けていたが、夫とともに在宅勤務をしていたGは、普段に比べて昼食の用意等が増えたことを理由に、冷凍食品やレトルト食品、カップ麺、パン、惣菜、弁当といった手間をかけずに食べられるものの購入が増えていた。一方、菓子やケーキの購入が増えた人は勤務状況にかかわらずみられた（A、B、D、E、F、G、I）。その他、「外食できない分、おいしいもの（肉）を買った（A、C）」といった普段とは異なる行動がみられた。

また、首都圏の４人（A、C、D、F）は備蓄も兼ねてレトルト食品や缶詰、米、シリアル等を購入しており、家庭内の在庫量が増えたと述べている。Eも備蓄の意向はあったが、スペースがなく諦めた経緯がある（Bは不明）。一方、茨城県ではHが調味料や乾物、缶詰を、Iが保存性の高い野菜を多めに購入しているものの、その他の人は備蓄目的での特別な買い足しはしておらず、地域によってやや異なる状況がみてとれる。

ネット通販を利用した食品の購入状況を確認すると、利用が増えた人（うちG、Iは普段から利用、Dは普段は利用なし）、普段の利用状況から変化がない人（C、F）、普段から利用しておらず、期間中も利用しなかった人（B、E、H、J、K）と対応が分かれた。利用が増えたD、G、Iは「３食作るのは大変なので楽をしようと思った（D）」「それだけで食事の１品になり、献立や調理法を考えなくてもいいものを買った（G）」といったように簡便化を求めているが、同時にGとIは「おいしいものを食べたい（G）」「楽しみのため（I）」としており、これら両方を満たすために肉や惣菜、菓子等を購入している。なお、購入しなかった人のうち、B、E、Kは購入には至らなかったものの検討していた。

産地・安全性・健康に対する意識や包装等の商品形態の選び方については、

ほとんど変化はなかったが、「購入頻度を減らすなかで調理回数が増えたため肉などの大容量パックを購入するようになった（C）」「生活の変化に伴うストレスで健康やダイエットへの意識が低下した（A）」といった発言があった。

その他、首都圏では「遠方の親に食品を送ってもらった（D）」「近居の親に買い物を依頼（A）」など、親を通じた食品の入手が行われ、また「献立を決めてスーパーに行っても揃わないことが何回かあり困った（B）」というように、店頭での品切れ・品薄の影響がみられた。

２）2021年３～５月

2021年３～５月の買い物頻度や購入先は、全体的には新型コロナ流行以前の状況に戻っている。一部、頻度を減らしたままの人もいるが、理由は在宅勤務の継続（A）、感染対策（D）のほか、自分の生活時間に合っているから（H、K）であった。

購入品目のうち冷凍食品やレトルト食品等の簡便化商品は、本人あるいは夫の在宅勤務があるA、B、C、Eは増えたままだが、それ以外の人は以前に戻っているか2020年より減少している。菓子や肉などは以前に戻った人と増えたままの人がおり、増えたままの人のうちA、C、Dの３人は「外出（外食や旅行）代わりの楽しみ」と位置づけている。家庭内の在庫量については、新型コロナ前から前年にかけて変化がなかった人はその後も変化はない。また、購入品や購入頻度が以前に戻ったFとＩは在庫量も以前に戻ったとしている。一方、B、C、D、Hは前年に増加させた冷凍食品等の購入を、Hは調味料や乾物の購入をそれぞれ続けており、在庫量は以前より増加している。

食に対する意識や食品の選び方に関しては、一部に変化がみられた。Aは前年に続き「健康・ダイエットへの意識が低下」したままであるが、C、G、Ｊは健康（免疫力）をより重視するようになり、CとＪは発酵食品の購入が以前より増えている。また、Dは前年に「ネットで安くなっていたから」という理由で有機野菜を購入したのがきっかけで、野菜の産地や栽培方法に関心を持つようになり、スーパーでもこれらを確認して購入するようになった。

6．食事に関する行動・意識とその変化

1）2020年４～５月

対象者の食事に関する行動と意識は**表3-5**のとおりである。まず、家庭で用意する食事の回数については、Ｆ以外が休校や在宅勤務により昼食分が増えたとしている（Ｆは以前から昼食用の弁当を作っていたため、変化がない）。また、普段からあまり外食をしない人は限定的で（Ｊ、Ｋ)、週１回あるいはそれ以上の利用頻度の人が多いが、期間中にはほとんど利用していない（Hが５月下旬から再開したのみ)。一方、テイクアウトやデリバリーは多くの人が利用している（寿司、ピザ、ハンバーガー等)。ただし、BとFは感染リスクや外出自粛要請を考慮して利用しておらず、Hはゴミが多く出ることが気になり、利用を減らしている。

このようななか、食事のメニューにはあまり変化がない人（E、G、Ｊ、K）がいる一方で、何らかの変化があった人も少なくない。たとえば、在宅勤務中に子どもを家でみていたA、C、Ｉは、冷凍食品や弁当（A、Ｉ)、常備菜（C）の活用により簡便化を図っているが、それだけでなく子どもが野菜を多く食べるように工夫する（A、C)、あるいは品数を増やす（Ｉ）といったことも行っており、これは通勤がなくなったことによる時間的な余裕が可能にしたものである。

また、子どもの好みを優先してメニューを決めるという行動がみられた(B、D、F、H)。DとFは子どもが学校や遊びに行けずにいろいろ我慢しているという理由から行ったと述べている。さらに、新しいメニューに取り組むという行動もみられた（C、H、K)。これも在宅時間が長く、普段よりも生活に余裕があるため、可能になったと考えられる。

ホットプレートを家族で囲むという食事スタイルはA、D、F、H、Kが「増えた」としている。増えた理由は「家族が揃っていた（F、H)」「片付けの

表 3-5　食事に関する行動・意識

		A	B	C	D	E	F	G	H	I	J	K
2020年4～5月	家庭での食事	増（昼食）	増（昼食）	増（昼食）	増（昼食）	増（昼食）	変化なし	増（昼食）	増（昼食）	増（昼食）	変化なし	増（昼食）
	外食	減（1→0）	減（3→0）	減（1→0）	減（1→0）	減（1→0）	減（少→0）	減（*→0）	減（3→少）	減（1→0）	減（少→0）	減（少→0）
	テイクアウトデリバリー	利用	—	利用（外食の代わり）	利用（外食の代わり）	利用	—	利用（昼食用）	一時利用（昼食用）	利用	—	利用
	メニュー等の変化（主なもの）	弁当・冷凍品増	子どもが好きで栄養をとれるメニューを優先	昼食に簡便化商品	子どもの好み優先	変化なし	子どもの好み優先	昼食に簡便化商品	子どもの好み優先	冷凍食品等利用	変化なし	基本的に変化なし
		野菜メニュー増		子どもが野菜を食べられる新メニュー	レトルト増		生鮮品減	朝食と夕食は変化なし	新メニュー、菓子作り	時間に余裕があり品数増		時間があり新メニューに挑戦
				常備菜作り			缶詰メニュー増		大皿料理増			
	家族でホットプレート	増	あり（変化なし）	—	増	あり（変化なし）	増	—	増	—	—	増
	子どもと料理・菓子作り	あり	あり	あり	あり	あり	あり	あり	—	あり	—	あり
	大変だったこと・食の位置づけ等	欠品や頻度減で買い物が不自由	子ども優先で食事作り	昼食を1時間で作って食べるのが大変	メニューを考える	メニューを考える	思うように買い物できなかった（欠品、混雑）	毎食作る	在宅で時間の区切りがなく、料理がリセットの時間でなくなった	毎食作る	なし	料理は負担ではなかった（子どもの送迎がなく普段より楽）
			店舗の欠品		食べることだけが楽しみ（豪華なおやつ等）	自分の味ばかりでいやに		食が楽しみ（惣菜で簡便化と美食）		食が楽しみ（惣菜で簡便化と美食）		
2021年3～5月	家庭での食事	以前より増（自分の昼）	以前より増（自分の昼）	以前とほぼ同じ	以前と同じ	以前より減（子どもの昼）	以前と同じ	以前と同じ	以前と同じ	以前と同じ	以前と同じ	以前と同じ
	外食	以前より減（0.5）	以前より減（0）	以前より減（0.5）	以前より減（0.5）	以前より減（ほぼ0）	以前より減（0）	以前より減（ほぼ0）	以前より減（1）	以前より減（少）	以前より減（少）	以前より減（ほぼ0）
	テイクアウトデリバリー	継続（外食代わり）	継続（外食代わり）	継続（外食代わり）	継続（外食代わり）	利用継続	—	なし（昨年より減）	継続（昨年より減）	利用継続	—	継続（外食代わり）
	メニュー等の変化（主なもの）	野利利用継続	素材から手作り増	常備菜は継続	子ども優先を継続	変化なし（以前と同じ）	以前に戻った	以前に戻った	以前に戻った	以前に戻った	変化なし（以前と同じ）	変化なし（以前と同じ）
		簡便化商品利用も継続	子どもを優先しつつ自分好みも作る	他は以前に戻った	新メニュー挑戦（外食の代わり）	第2子入園で、昼食簡単に		ぬか漬け等発酵食品増（健康を意識）	新メニューや菓子作り減			新メニュー定着（時間の余裕できたため）
	家族でホットプレート	継続（外食の代わり）	継続	—	イベントとして継続	減（子どもの外出増）	減（子どもの外出増）	—	減	—	—	使わなくなった
	家族（子ども）と料理・菓子作り	継続	継続	しなくなった	継続	しなくなった	減（子どもの外出増）	しなくなった	—	子どもの自宅待機時	—	しなくなった
	食の位置づけ	おいしいものでストレス発散	在宅勤務で料理を楽しむ余裕	旅行・外食に行けない分、お金をかける	外食できない分、自分で工夫	—	外食はレジャー。楽しめないなら行かない	外出でき食以外にも楽しみあり	通常に戻った（料理がリセットの時間）	—	—	—

資料：表 3-2 に同じ
注：1）「—」は該当なし、「*」は不明を示す。「以前」は新型コロナの流行前。「増」は増加、「減」は減少を示す。
　　2）外食の数字は週当たりのおよその回数。「少」は週当たり 0.5 回よりも少ないことを示す。矢印の前は新型コロナ流行前、後は当該時期の状況。

時間や子どもと調理する時間がとれた（K）」「子どもが喜ぶ（A、D）」「イベント的に楽しんだ（D）」等であった。また、ほとんどが子どもと菓子や料理を作る機会があった。その理由としては「気分転換（I）」が挙げられ、外出が実質的に制限されるなかでの家族の楽しみとしての側面があったと考えられる。

食生活に関するストレスや感じたこととしては、まず首都圏の3人（A、B、F）が「思うように買い物できなかったことがストレスだった」としている。また、家族の食事を毎日3食用意し続けることのストレスや負担感を挙げた人が多く（B、D、E、G、H、I）、これは地域や就業状況との明確な関連は見受けられない。とくに普段は料理を苦に感じていない人でも「お料理ロボットになった気分（B）」「料理はリセットの時間だったが、そうではなくなった（H）」「一日中ご飯を作っているような感じ（I）」と述べている。ただし、このようななかでも同時に「食べることが楽しみだった」としている場合もある（D、G、I）。とくにD、Gは食べ歩きや外出ができないことがストレスとも述べており（**表3-3**）、そのため通販の利用が増え（**表3-4**）、「ちょっと豪華なおやつ（D）」を食べるなどの対応をとっていた。

なお、「料理は好きだが、普段は落ち着いて作る時間がないので、家にいる時間が増えて久しぶりにいろいろ作った（C）」という評価もみられた。さらに、本人は在宅勤務になったが、家族の生活スタイルに変化のなかったJは「子どもの幼稚園が続いていて生活が変わっていないので、食品を備蓄しようとか特別なことは思わなかった」として、生活スタイルの継続が普段どおりの食生活につながったと自ら述べている。また、子どもとともに在宅していたKは「当初は3食作るのは大変かと思ったが、子どもも大きいし、慣れてきてあまり負担ではなかった」としており、期間中の食生活の評価は多様である。

2）2021年3～5月

2021年3～5月の家庭での食事回数は、ほとんどの人が以前の状態に戻っているが、在宅勤務が主のＡとBは以前より増えたままである。半数程度が外食の利用を再開しているが、いずれも頻度は以前より少ない。

メニューについては通勤形態や買い物頻度が以前に戻った（あるいは買い物頻度を主体的に変えた）CおよびE ～ Kで、基本的に以前と同様になっている。また、これらの人はホットプレートの利用や子どもとの料理、新メニューへの挑戦等も減少している。これに対して、在宅勤務が主のＡとBは、ホットプレートの利用や子どもとの料理が継続し、さらに野菜メニューの継続（A)、素材からの手作りが増える（B）など、メニューも以前とは一部変化している。

なお、前年に外出が制限されるなかで、「食べることが楽しみ」としていたGは「外出できるようになり、食以外にも楽しみはある」と述べている。一方、感染対策のため、買い物や外食の頻度を減らしたままのDは家族のイベントとしてホットプレートの利用等を継続し、「外食できない分、自分で工夫する」と述べている。Ａも外食の代わりに家族でのホットプレートの利用を続け、「おいしいもの（取り寄せの肉等）でストレス発散」と述べ、Cは「旅行や外食に行けない分、食（肉など）にお金をかける」としている。

７．子育て世帯における食生活の変化と要因

１）最初の感染拡大期（2020年４～５月）における食生活の特徴

はじめて緊急事態宣言が出された2020年４～５月には、ほぼ全員が買い物頻度を以前より減少させていた。また、生活スタイルがあまり変化しなかったＪとKは、スーパー等での購入品目にも変化がなかったが、それ以外の人は購入品目を変化させていた。新型コロナ以前に比べて増えた品目は惣菜や冷凍食品等の簡便化商品、菓子やケーキといった嗜好品、肉等であり、小西(2020）の指摘と一致する。なお、食品を購入する際の基準については、ほとんどの人で変化はみられなかった。

また、購入先は茨城県では変化していないのに対し、首都圏では購入頻度

の減少に伴い、購入先を大規模スーパーなどへ変更していた。さらに、茨城県では備蓄目的での購入はあまりみられなかったが、首都圏では備蓄を兼ねた食品のまとめ買いや、別居の親を通じた食品の調達がみられた。このような調達・備蓄行動は店頭の品切れ・品薄の状況や、子どもがほとんど外出しないような非日常感がより高い生活環境などを反映したものと考えられる。この点は茨城県で「生活が変わっていないので食品を備蓄しようとか思わなかった（J）」という発言があったことからも推察される。

また、外出自粛要請により本人を含む家族の在宅時間が普段よりも長くなったこと、また外食が控えられていることにより、家庭での食事の機会が増加しており、このこと自体が個人による違いはあるものの、食品の買い物や食事の用意に関する負担、あるいは負担感の増大をもたらしていた。同時に、家族が揃っていることから一緒にホットプレートを囲む、一緒に料理をする機会が増えるという変化がみられ、さらに生活が制限されるなかで、食が「楽しみ」という役割を果たしている場合もみられた。

食事内容の具体的な変化としては、主に昼食を手軽に済ませるために、惣菜や冷凍食品等の簡便化商品を増やす傾向がみられた。ただし、その場合も簡便化だけが追及されたのではなく、子どもの野菜の摂取量に配慮したメニューにする、新しいメニューに挑戦する、品数を増やすなど、普段よりも手をかけている場合があった。これは通勤時間の削減等により家事に振り向けられる時間が増加したことによる影響と考えられる。このような簡便化志向と手作り志向の両方がみられたという結果は、小西（2020）の指摘と一致するものであるが、この２つの志向が同じ調査対象者に同時に存在する場合もあることにとくに注目すべきであろう。

２）新型コロナ流行継続下における変化の要因

調査対象者とその家族の生活は2020年４～５月には外出が著しく少ない状態だったが、2021年３～５月には就業や就学、習い事は概ね以前に近い状態に戻っていた。ただし、休日の過ごし方は外出頻度の減少や外出先の限定など、総じて以前と同様ではなかった。このようななかで、食品の購買頻度や品目、食事の形態や内容は、全体としては以前の状態に戻る傾向であった。とくに勤務形態や買い物頻度が以前に戻ると、食事メニューも以前と同様に戻り、簡便化商品やホットプレートの利用、子どもとの料理、新メニューへの挑戦といったことも減少していた。一方、本人の在宅勤務が継続している場合は、前年の購買行動や食事内容が続く傾向がみられた。さらに、旅行や外食など外出を控えている人のなかには、嗜好品・肉の購入・喫食や家族でのホットプレートの利用が前年に引き続き外出代わりの楽しみとなっている人がいた。

これらのことから、今回の分析対象における食生活の変化の主要な要因は、新型コロナ流行下での強制的・自主的な行動制限を反映した生活スタイルの変化であると考えられる。そのため、今後行動制限がさらに緩和していけば、外出・外食の代わりと位置づけられている嗜好品等の購入が減少するなど、より以前の食生活に近くなる可能性が指摘できる。

ただし、対象者のなかには勤務形態等が以前に戻っても、日々の生活時間に合っていたという理由で、食品の購入頻度を減らしたままの人がいた。この点を含め、Sheth（2020）の「新型コロナ終息により消費者のほとんどの習慣は元どおりになる」「より便利な選択肢を発見した場合は以前の習慣に取って代わる」という指摘については、未だ新型コロナ終息となっていないものの、食品の購買行動や調理・喫食行動にも適用できる可能性が示されたといえる。ただし、今回の分析対象者は新型コロナ感染による健康への影響が相対的に小さい世代で、経済的な影響もほとんどないなど、特定の消費者属性に限定した分析である点に留意する必要がある。

注

１）その他の先行研究として、Li et al.（2020）、Wang et al.（2020）、Chenarides et al.（2021）、Bennett et al.（2021）、Romeo-Arroyo et al.（2020）、松田（2021）、上田ら（2021）等がある。

２）継続的な調査に基づく先行研究としては、村上（2021）が消費者の食品に求める価値（食品購入時に重視すること）の変化を定量的に分析している。

3）本稿の詳細は山本・上西（2021a，2021b）を参照されたい。

4）世帯員（家族）については、たとえばKhaniwale（2015）でも消費者の購買行動の規定要因の１つとして「family（家族）」が挙げられている。

5）総務省「2019年全国家計構造調査」では対象各都県の勤労者世帯（世帯員３～４人）の年間収入額は平均約830～930万円であった。なお、茨城県の対象者がやや高所得層に偏っていることが調査結果に影響している可能性が排除できないため、とくに両地域の違いを検討する際にはこの点に留意する必要がある。

引用・参考文献

Bennett, G., Young, E., Butler, I. and Coe, S.（2021）The impact of lockdown during the COVID-19 outbreak on dietary habits in various population groups: a scoping review, Frontiers in nutrition 8, 626432

Chenarides, L., Grebitus, C., Lusk, J. L., & Printezis, I.（2021）Food consumption behavior during the COVID-19 pandemic, Agribusiness 37（1）：44-81

Khaniwale, M.（2015）Consumer buying behavior, International Journal of innovation and scientific research 14（2）：278-286

小西葉子（2020）「POSで見るコロナ禍の消費動向」小林慶一郎・森川正之編著『コロナ危機の経済学―提言と分析―』日本経済新聞出版：221-238

Li, J., Hallsworth, A. G. and Coca-Stefaniak, J.A.（2020）Changing grocery shopping behaviours among Chinese consumers at the outset of the COVID-19 outbreak, Tijdschrift voor economische en sociale geografie 111（3）：574-583

松田紀美（2021）「新型コロナウイルス感染症流行による母子世帯の食生活への影響」『フードシステム研究』28（3）：205-210

村上智明・中谷朋昭・伊藤暢宏・安部晃司・北恵実・中嶋康博（2021）「COVID-19パンデミック下で食に求める価値はどのように変化したのか？」『フードシステム研究』28（3）：211-216

Romeo-Arroyo, E., Mora, M. and Vázquez-Araújo, L.（2020）Consumer behavior in confinement times: Food choice and cooking attitudes in Spain, International Journal of Gastronomy and Food Science 21, 100226.

Sheth, J.（2020）Impact of Covid-19 on consumer behavior: Will the old habits return or die?, Journal of business research 117：280-283

上田遥・新山陽子・大住あづさ（2021）「新型コロナ感染拡大下の外出自粛行動が及ぼすフードシステムへの影響とその対応―京都を事例として―」『フードシステム研究』28（3）：111-127

Wang, E., An, N., Gao, Z., Kiprop, E. and Geng, X.（2020）Consumer food

stockpiling behavior and willingness to pay for food reserves in COVID-19, Food Security 12（4）：739-747
山本淳子・上西良廣（2021a）「新型コロナウイルス感染拡大期における子育て世帯の食生活の実態―消費者へのインタビューによる分析―」『関東東海北陸農業経営研究』111：40-48
山本淳子・上西良廣（2021b）「新型コロナウイルス感染症の流行継続による食生活の変化―子育て世帯へのインタビュー調査による分析―」『フードシステム研究』28（3）：199-204

（山本 淳子）

第4章

農業分野における行政支援

1．はじめに

新型コロナ禍によりわが国の食料・農業・農村も大きな影響を受けた。江藤農林水産大臣（当時）は最初の緊急事態宣言が発出されるとととともに、政府が緊急経済対策を閣議決定した2020年４月７日の記者会見において、農林水産業者を守りたいということだけでなく、「一次産業を守るということは日本国民の生活基盤を守るということであり、（中略）37％という低い食料自給率の日本がこれ以上国内の生産基盤を失うようなことがあれば、（中略）たいへんな不都合を来す恐れがあるということを危惧している」と述べ、食料安全保障上の観点からも「思い切った経済対策を打つ」ことに対して国民の理解を求めた[1)]。また、同日の農林水産大臣メッセージ「国民の皆様へ」においても「国民への食料安定供給は国にとって最も重要な責務であり、生産基盤を何としても守っていくため、思い切った緊急経済対策を用意した」との発言がなされた[2)]。これらの発言が端的に示すとおり、新型コロナ禍によって影響を受けた農林水産業分野に対してさまざまな対策が講じられた。

そこで、本章では新型コロナ禍の当初から2021年度までの農業分野における新型コロナ関連対策について整理するとともに[3)]、わが国有数の観光地であり、インバウンドを含む観光客の減少により新型コロナ禍の影響をより大きく受けている沖縄県を事例として農業分野に関する支援策について概観する。

なお、沖縄県内の支援策については2021年10～11月および2022年６月に内閣府沖縄総合事務局農林水産部、沖縄県農林水産部、沖縄県畜産振興公社、JAおきなわ、沖縄県花卉園芸農協に対してヒアリング調査を実施した。

2．国による支援策

1）学校給食用食材の需要消失に対する支援策

新型コロナ感染拡大防止対策として2020年3月2日から全国の小中学校等の一斉休校が行われるとともに、イベントの中止・延期が相次いだことから、学校給食やイベントで活用する予定であった食品・食材等が未利用となった。そこで、農林水産省は未利用食品の情報を集約し、全国のフードバンクに対してその情報を一斉に発信する取組を行うとともに、未利用食品をフードバンクに寄附する際の輸配送費を支援した（日下，2020）。また、3月10日には「新型コロナウイルス感染症に関する緊急対策－第2弾－」において学校給食休止への対応策を決定し、「学校給食用に納入を予定していた野菜・果実等の代替販路の確保に向けたマッチング支援」として「食べて応援！学校給食キャンペーン」の特設サイトを同月16日から運用し、消費者等への配送料を無料化する支援を行った[4)]。その対象とならなかった牛乳については指定生乳生産者団体や乳業メーカーの尽力ならびに「巣ごもり消費」や応援消費による需要増とあわせて、乳製品への加工を緊急的に行うことによって廃棄を回避することができた。しかし、乳価の低い乳製品向けが増えると酪農家の収入が減少することから、国は2019年度予備費で「学校給食用牛乳の供給停止に伴う需給緩和対策事業」（23億円）を措置した（小田，2020）。また、緊急事態宣言の対象地域拡大によって、学校給食や外食産業における牛乳や乳製品の消費のさらなる減少が懸念されるなかで、農林水産省は酪農家を支えるため、牛乳やヨーグルトを普段より1本多く消費することを推進する「プラスワンプロジェクト」を2020年4月21日より開始した[5)]。

さらに、卒業式や各種イベント等が中止され、業務用を中心に花きの需要が急激に冷え込んで価格が下落したことから、農林水産省は2020年3月から「花いっぱいプロジェクト」を立ち上げ、家庭や職場に春の花を飾って楽しんでもらうように、地方自治体や関係団体に協力を呼びかけた[6)]。

2）業務・観光需要等の減少に対する支援策

政府は2020年４月30日に2020年度第１次補正予算を成立させ、農林水産省関係として5,448億円を計上した。

新型コロナ禍によって卒業式や入学・入社式、歓送迎会等のイベントが開催できず、インバウンドを含めた外食・観光需要が減退するとともに、輸出も停滞したことなどから、和牛肉やクロマグロ、ホタテ、メロンなどの高級食材や茶、菓子、花きなどの需要が減少し、それに伴って価格が下落した。

そこで、政府は「国産農林水産物等販売促進緊急対策事業」（1,400億円）を設け、これら国産食材や花きなどの消費喚起策を講じたが、その事業内容は大きく２つに分けられる。

その１つは品目ごとに農林漁業団体等が主体となって取り組む販売促進活動であり、学校給食や外食産業等での新商品の開発、地域イベントにおける食材費、加工費、運送費の掛かり増し経費を支援するものである。この事業では「和牛肉等販売促進緊急対策事業」「野菜・果実販売促進緊急対策事業」「公共施設等における花きの活用拡大支援事業」などが用意された。「和牛肉等販売促進緊急対策事業」は新型コロナ禍により在庫が前年同月比20％以上増加しているなど深刻な影響が生じている食肉について販売促進を行うことにより、将来のインバウンド需要や輸出の再開等に対応できるように「学校給食提供推進事業」および「外食産業や観光業等と連携した販売促進事業」を実施するものである。「野菜・果実販売促進緊急対策事業」は新型コロナ禍により在庫の滞留等の影響を受けている国産の野菜と果実について、農業団体等が行う販売促進の取組を支援するものである。「公共施設等における花きの活用拡大支援事業」は新型コロナ禍により国内消費が減退している花きについて公共施設等における活用を拡大する取組を支援するものであり、花代などの２分の１補助が行われた。

もう１つは品目横断的事業として民間団体等が対象品目についてさまざまな販路を活用する取組であり、農林水産物の送料を支援する「インターネット販売推進事業」、子ども食堂等で使用する食材費等を支援する「食育等推進事業」、デリバリー、テイクアウトなど飲食店の販路多角化で使用する食材費や容器包装費を支援する「農林水産物の販路の多角化推進事業」、販促キャンペーンで使用する食材費やイベント経費を支援する「地域の創意による販売促進事業」である。2020年８月４日には事業のプロジェクト名称を「#元気いただきますプロジェクト」とし、人気女優を起用したテレビCMやキャンペーン等を実施し、国産の農林水産物等を食べて生産者を応援することを呼びかけた[7)]。

なお、2021年度予算と一体として編成され、2020年12月に成立した2020年度第３次補正予算においては「国産農林水産物等販路多様化緊急対策事業」（250億円）として対象品目の限定をすることなく、日本酒や焼酎等の加工品も含めて実施するとともに、国産農林水産物の消費拡大を推進するため、メディア・SNS等を活用して農林漁業者等による地域のさまざまな取組を発信した。さらに、2021年12月に成立した2021年度補正予算でも「国産農林水産物等販路新規開拓緊急対策事業」（200億円）として同様の取組が実施されている。

和牛肉については新型コロナ禍によって価格が急落し、それに伴って在庫が積み上がったことから、2020年度第１次補正予算において「和牛肉保管在庫支援緊急対策」（500億円）と「肥育牛経営等緊急支援特別対策事業」（305億円）を措置した。前者は販売促進に取り組む食肉卸売業者に対し、在庫の保管経費を支援するほか、実際に販売した場合に奨励金を交付するものであり、2022年度までの事業である。後者は優良な肥育牛生産など経営体質の強化への取組（出荷頭数に応じて２万円/頭を交付）や出荷延期に伴う掛かり増し経費の支援、「肉用牛肥育経営安定交付金」（牛マルキン）の生産者負担金の納付猶予などを行うものである。このうち出荷頭数に応じた奨励金の交付については2020年度第３次補正予算においても「肥育牛経営改善等緊急対策」（176億円）として措置された。

また、肉用子牛についても価格が急落し、出荷の停滞が懸念されるため、

2020年度第１次補正予算において「肉用子牛流通円滑化等緊急対策」(10億円)を措置し、生産者のやむを得ない計画出荷にかかる飼料費等の掛かり増し経費を支援するとともに、価格低下が大きい離島において子牛取引の活性化を図るため、本土の購買者および離島の肉用子牛生産者に対して海上運賃の10分の９相当の奨励金を交付した。また、2020年度第２次補正予算では経営改善に取り組む肉用子牛生産者に奨励金（１万円/頭または３万円/頭）を交付する「優良肉用子牛生産推進緊急対策事業」(108億円）を設けた。これらの事業については2021年度においても規模を縮小して継続している。

牛乳・乳製品についても新型コロナ禍により業務用を中心に需要が大きく減少し、生乳を脱脂粉乳・バター用に仕向けることで需給調整が行われたが、過剰生産となっている脱脂粉乳の在庫量が高水準にあったため、2020年度第１次補正予算において「生乳需給改善促進事業」(50億円）を措置し、飼料用等の需要がある分野で活用する取組を支援した。なお、同事業とほぼ同様の事業が2020年度第３次補正予算において「肥育牛経営改善等緊急対策」のうちの「国産乳製品需要拡大緊急対策事業」(17億円）として措置された。

また、新型コロナ禍による需要の減少に伴って市場価格が低落するなどの影響を受けた野菜・花き・果樹・茶等の高収益作物については、次期作に前向きに取り組む生産者や厳選出荷に取り組む生産者を支援する「高収益作物次期作支援交付金」(2020年度第１次補正予算242億円、第３次補正予算134億円）を設けた。野菜・花き・果樹・茶等の高収益作物の次期作に前向きに取り組む生産者への支援としては種苗等の資材購入や機械レンタル等の経費として５万円/10a、高集約型経営である施設花き等の場合は80万円/10a、施設果樹の場合は25万円/10aを支援した。

国は野菜の生産・出荷の安定と消費者への安定供給を図ることを目的として、価格が著しく低落した場合に国、都道府県、生産者があらかじめ積み立てた資金を財源として生産者に補給金を交付する「野菜価格安定対策事業」を実施しているが、新型コロナ禍による外食等の需要減少や市場入荷量の増加により野菜価格が著しく低落し、同事業の交付額が増加したことから、価格下落の影響緩和対策として事業を円滑に実施できるよう資金の追加を行う措置を講じた（予算額56億円）。

2020年度第2次補正予算では新型コロナ禍で甚大な影響を受けた観光業、運輸業、飲食業、イベント業などを対象とした「Go To キャンペーン」の一環として、感染予防対策に取り組みながら頑張っている飲食店と食材を供給する農林漁業者を応援する官民一体型の需要喚起策である「Go To Eatキャンペーン」も実施されている。これにはオンライン飲食予約サイト経由で、期間中に飲食店を予約・来店した消費者に対し、飲食店で使えるポイント等を付与（最大1,000円分/人）するものと、都道府県等を単位とする地域限定の登録飲食店で使えるプレミアム付食事券（2割相当分の割引）の2つがあり、2020年10月から実施された。前者についてはほどなく予算額に達し、予約受付が終了したが、後者については新型コロナの感染拡大を受け、同年11月24日から一部の都道府県で新規予約の一時停止と消費者に対して利用を控えるよう呼びかけがなされた。これを受けて食事券の販売期限や利用期限が延長され、2020年度1次補正予算の残額と3次補正予算を財源として食事券が追加で販売された。（飯和哉, 2021）。

さらに、2021年度補正予算では「コロナ影響緩和特別対策」（165億円）を措置し、新型コロナ禍による需要減に相当する15万tの米穀について、集荷団体と実需者等が連携して行う長期計画的な販売に伴う保管にかかわる経費等の支援とあわせて、中食・外食事業者等への販売促進や子ども食堂等の生活弱者への提供を支援している。

3）労働力確保に対する支援策

新型コロナ禍による入国制限に伴って外国人技能実習生等の来日の目途が立たず、労働力不足によって農作業に支障を来す経営がみられた。

そこで、2020年度第1次補正予算において新型コロナ禍による人手不足を解消し、農業生産を維持するとともに、将来の農業生産を支える人材を育成することを目的として、「農業労働力確保緊急支援事業」（46億円）が措置された。主な事業内容としては次の３つである。１つ目は他地域の農業従事者や地域の農業関係者など農業経験を有する人材が人手不足となった農業経営体において農作業を実施（援農）する際の活動費を支援するものである。２つ目は他産業従事者や学生等の多様な人材が援農・就農する際の活動費を支援するだけでなく、その人材が援農・就農の前後に研修機関や農業経営体等において研修を受ける際の活動費を支援したり、その人材を対象に農業機械の操作方法等の指導を行う農業大学校、農業高校等の研修機関に対し、スマート農業等の実施のための研修用の機械・設備の導入を支援したりするものである。３つ目は地域の農協や農業経営体等が上記の２つの人材を集めるための人材募集、情報発信、マッチング等を支援するものである。

また、新型コロナ禍に伴う外国人技能実習生の受入制限等によって急速に深刻化する人手不足の影響を受けた品目・地域を対象に、強い生産基盤を構築するため、「労働力不足の解消に向けたスマート農業実証」（10億円）も同時に設けた。これはロボット・AI・IoT等の活用による農作業の自動化等のスマート農業技術を現場に導入・実証し、省力化等の効果を明らかにするとともに、ローカル５G通信基盤を活用した高度なスマート農業技術について地域での実証を推進するものである。

さらに、2020年度第３次補正予算では「農業労働力確保緊急支援事業」（15億円）において、新型コロナ禍の影響により人手不足となっている経営体が代替人材を雇用する際に必要となる労賃、交通費、宿泊費等の掛かり増し経費等を支援するなどしている。

４）事業継続に向けた支援策

2020年度第１次補正予算において新型コロナ禍の影響を受けた農業者等に対して資金が円滑に融通されるように、資金繰りや施設整備のための資金の貸付当初５年間の実質無利子化（融資枠5,000億円）、民間資金の借入に関する債務保証の当初５年間の保証料免除、実質無担保による貸付および債務保証などを支援する「新型コロナウイルス感染症対策のための金融支援事業」

（224億円）が設けられた[8]。第２次補正予算（158億円）においても融資枠の増額（2,350億円）や実質無担保枠の拡充、償還期間の５年延長など内容の充実が図られた。

また、新型コロナ禍の影響を受けた事業者の事業継続に向けた支援策として、2020年度第１次補正予算では経済産業省所管の「持続化給付金」（２兆3,176億円）が創設された。これは売上が前年同月比で50％以上減少した農林漁業者等を含む事業者を対象として、法人には200万円、個人事業者には100万円を上限として給付するものである（経済産業省，2020）。

さらに、農林漁業者向けの補助金として2020年度第２次補正予算において個人または常時従業員数20人以下の法人の事業継続に向けた「経営継続補助金」（200億円）が創設され、第３次補正予算でも約570億円が計上された。これは売上減少や品目を問わず、農協等の支援機関による伴走支援を受けた経営継続に向けた取組に対して補助率４分の３（上限100万円）、消毒やマスク購入など新型コロナ感染防止対策の経費に対して定額（上限50万円）が助成されるものである。なお、前述の「持続化給付金」は給付措置であることから、「経営継続補助金」とあわせて申請することも可能である（日下，2020）。

これらのほか、経済産業省の所管事業として６次産業化や農商工連携等に取り組む農林漁業者も活用できる支援策に「緊急事態宣言の影響緩和に係る一時支援金」（以下、「一時支援金」）、「緊急事態措置又はまん延防止等重点措置の影響緩和に係る月次支援金」（以下、「月次支援金」）、「事業再構築補助金」「事業復活補助金」などがある。

「一時支援金」は2021年１月に発令された緊急事態宣言に伴う飲食店の時短営業や不要不急の外出・移動の自粛により売上が50％以上減少した中小法人や個人事業者等に支援金を給付するものであり、中小法人等には上限60万円、個人事業者等には上限30万円が支給された。また、「月次支援金」は2021年４月以降に実施された緊急事態宣言またはまん延防止等重点措置に伴って売上が50％以上減少した中小法人・個人事業者等に月ごとに支援金を給付するものであり、対象期間は2021年４～10月で中小法人等には上限20万円/月、個人事業者等には上限10万円/月が給付された。いずれも対象飲食店に食材を提供する農林漁業者や卸売業者等も給付対象となった[9)]。

「事業再構築補助金」は新型コロナ禍の影響が長期化し、当面の需要や売上の回復が期待しづらいなか、ポストコロナ・ウィズコロナ時代の経済社会の変化に対応するために思い切った事業再構築に意欲を有する中小企業等の挑戦を支援するものである。対象は新型コロナ以前と比較して売上高が10％以上減少している中小企業等であり、新分野展開や業態転換、規模拡大等を目指す挑戦に対し、通常枠で上限8,000万円、大規模賃金引上げ枠で上限１億円（中小企業者等の補助率は6,000万円までは３分の２、6,000万円超からは２分の１）までを補助するという内容である。第１回の受付は2021年５月に開始され、2022年５月現在、第６回の公募が行われている[10)]。

「事業復活補助金」は新型コロナ禍により大きな影響を受ける中小法人・個人事業者に対して、事業規模に応じた給付金を支給するもので、申請期間は2022年１月31日～６月17日であり、法人には上限最大250万円、個人事業者には上限最大50万円が給付される[11)]。

５）輸出に対する支援策

農林水産物及び食品の輸出の促進に関する法律が2019年11月27日に公布され、2020年度には農林水産省は司令塔組織となる農林水産物・食品輸出本部の創設や輸出手続の迅速化、農林水産物・食品輸出プロジェクト（GFP）に基づくグローバル産地づくりの強化、輸出向けHACCP等対応施設の整備、海外需要の創出・拡大および商流の構築などを行うことにより、国産農林水産物・食品の輸出促進を図ることとしていた。しかし、新型コロナ禍によって世界的な外食需要の低迷、輸出先における商談会や展示会の中止、旅客便の大幅な減便などから、2020年上半期には国産農林水産物・食品の輸出が減少した。これに対応して2020年度第１次補正予算において「輸出力の維持・強化に向けたプロモーション・施設整備等への重点支援」（157億円）を設けている。事業内容は①輸出ルートの維持・確保（20億円）、②輸出先国の家庭用シフト、仕向先転換等に対応するための施設整備等（49億円）、③輸出先国の志向・規制等に合わせた食品の生産支援（35億円）、④仕向先の転換等のための日本産農林水産物・食品の海外向け商談・プロモーション（53億円）の４つに大別される。①については新型コロナ禍による大幅な旅客便の減便に伴う生鮮品物流への影響を緩和するため、輸送手段の確保を支援した。②については輸出先国における外食から家庭食へのシフトや輸出先国のマーケットの急速な回復に対応するため、冷凍食品等の家庭食用化を進めるための設備の整備や導入等を支援した。③については輸出等の新規需要獲得のため、安定的に調達可能な原料への切替による加工食品･外食メニューの開発･実証試験・マーケティング調査・施設整備や原料切替に伴う調達経費、家庭用食をターゲットとした米やその加工品の生産ライン等の施設整備に必要な取組などを支援した。④については新型コロナ禍の影響を受けている品目等について新たな輸出仕向や輸出先国での仕向先の転換のため、日本貿易振興機構（JETRO）による海外見本市の出展支援や商談会の開催、日本食品海外プロモーションセンター（JFOODO）による重点品目のPRキャンペーン、品目・テーマごとにまとまりをもった海外販路の開拓、輸出を支える海外の小売・外食・輸出業者等の機能強化の取組、高付加価値商品の輸出のための認証取得等を支援した。

なお、輸出促進については2020年度第３次補正予算と2021年度予算において「2030年輸出５兆円目標の実現に向けた『農林水産物・食品の輸出拡大実行戦略』の実施」（それぞれ396億円、99億円）として各種支援が行われたほか、旅客便の減便に伴う輸送手段の確保に係る経費の支援については「食品等輸出物流ルート確保緊急対策事業」（20億円）を措置して継続している。

６）国産農産物の供給力強化への支援策

新型コロナ禍のもとでフード・サプライチェーンが混乱したことから、安定的な輸入への不安に伴う国産ニーズの増大や外食から家庭食へのシフトなどの新たな需要が顕在化した。そこで、農林水産省は新たな需要に対応した体制を整備するため、2020年度第１次補正予算において「国産農畜産物供給力強靱化対策」（143億円）を設けている。具体的には、産地や実需者などのサプライチェーン各主体の連携による輸入農畜産物から国産への切替え、国産農畜産物の継続的・安定的な供給を図るための野菜等のカット・冷凍・安定出荷等に必要な施設の整備・改修等を支援している。

7）その他の支援策

国は地方自治体が地域の実情に応じて、きめ細やかに必要な事業を実施できるように、「新型コロナウイルス感染症対応地方創生臨時交付金」（以下、「地方創生臨時交付金」）を創設している。これは新型コロナ対応のための取組である限り、原則として地方自治体が自由に使うことができるが、その予算額は2020年度第１次補正予算が１兆円、第２次補正予算が２兆円、第３次補正予算が1.5兆円、2021年度補正予算が6.8兆円、予備費（2020年12月～2022年４月の閣議決定分）が4.7兆円、合計16兆円という大規模なものである[12]。

3．沖縄県内における支援策

1）学校給食用食材の需要消失に対する支援策

沖縄県における生乳の仕向先は学校給食用が約３割と高いが、県内では新型コロナの感染拡大防止対策として、2020年３～５月に一斉休校や分散登校等を行い、学校給食が停止したことから、853ｔの生乳が余った。沖縄県内にはバターや脱脂粉乳に加工する施設がないため、そのうちの571ｔについては熊本県に出荷してバターや脱脂粉乳等の加工原料としたが、282ｔについては加工乳の生乳配合率を高めることによって処理した。その際の学校給食用の乳価と加工原料用のそれとの価格差に相当する額を国が支援したが、加工乳配合用向けの生乳については国の支援対象とならなかったことから、沖縄県が60円/kgの支援金を支給した。沖縄県はこの事業費1,694万円について当初は予備費で対応したが、その後、2020年度第６号（９月）補正予算において「地方創生臨時交付金」を活用した「生乳流通指導事業費」として措置した。

２）需要減少に対する支援

沖縄県内ではインバウンドを含む観光客を中心とする外食需要の大きい和牛やアグー豚、マンゴー、パインアップル、土産用菓子等の原料となる紅イモをはじめとする地域特産品、リゾートウエディングを含む冠婚葬祭やホテル等の装飾に使用される切花等の県内需要が消失するとともに、春の彼岸に出荷のピークを迎えるキク類などの県外需要も大きく落ち込んだ。

そこで、沖縄県内では内閣府沖縄総合事務局が窓口となり、沖縄県や関係団体と連携して「国産農林水産物等販売促進緊急対策事業」を活用した支援策が講じられた。沖縄県は2020年度第４号（６月）補正予算において「ちばりよ～！わった～農林水産業応援プロジェクト事業」（３億1,702万円）を設けた。これは「国産農林水産物等販売促進緊急対策事業」（国費）や「地方創生臨時交付金」（県費）などを活用した事業であり、前者についてはそのうちの「和牛肉等販売促進緊急対策事業」の「学校給食提供推進事業」および「公共施設等における花きの活用拡大支援事業」を活用している[13)]。前者を活用した事業については沖縄県が事業実施主体、沖縄県畜産振興公社が取組主体となって「学校和牛肉等給食提供事業」として事業費２億5,400万円で実施され、2020年９月～2021年３月に県内小中学校、特別支援学校、保育施設の420校、約16.2万人に対して、約25.4ｔの県産和牛肉が提供された。後者を活用した事業については沖縄県花き園芸協会が事業実施主体となり、「おきなわ　お花で元気いっぱいプロジェクト」として2020年10月から県立学校69校のほか、モノレール全駅や港湾、行政機関など128カ所（延べ475回）にフラワーアレンジメントを装飾展示する取組が実施された。事業費の実績は3,416万円となっており、その内訳は国費2,722万円であるが、沖縄県は「地域創生臨時交付金」を活用して「沖縄県公共施設等における花きの活用拡大支援事業」を設け、花代の差額693万円を補助した。

内閣府沖縄総合事務局はこの事業の終了後にも家庭や職場での花飾りや花の購入を促進するため、例年であれば花き需要の高まる2020年12月21日～2021年2月5日に1階ロビーにおいて県産花きを使用したフラワーアレンジメントの展示を独自予算で行った。

また、沖縄県は「地方創生臨時交付金」を活用して「子ども食堂等への果実提供事業」(1,106万円)を行い、子ども食堂や保育施設へ果実を提供し、需要喚起を図る取組を行い、民間業者に委託して子ども食堂90カ所、保育施設809カ所の計899カ所にパインアップル7,780kg、マンゴー1,660kgを提供した。

さらに、関係団体を事業実施主体とする事業として、「野菜・果実販売促進緊急対策事業」および「和牛肉等販売促進緊急対策事業」のうちの「外食産業や観光業等と連携した販売促進事業」を活用した事業が実施された。前者についてはJAおきなわが実施主体となって国費6,000万円で実施され、県内の小中学校等290校の学校給食にマンゴー14tが提供された。後者については沖縄県畜産振興公社が実施主体となり、国費1,300万円で実施された。これは沖縄県ホテル協会と連携し、県内ホテルにおいて沖縄観光のPRと県産和牛肉のメニューを取り入れた「県産和牛フェア」を開催するものであり、食肉事業者9業者、14ホテルを対象とし、2020年9月～2021年3月に計画の2,085kgを大幅に上回る4,576kgの県産和牛肉が提供された。

2021年度においても沖縄県は「地域創生臨時交付金」を活用し、県単独事業として「ちばりよ～!わった～農林水産業応援プロジェクト事業」(2億円)を継続して実施している。このうち「県産青果を活用した学校給食提供事業」(2,197万円)については民間業者に委託してパインアップル、マンゴーのほか、トウガンを学校給食に提供しており、「沖縄県公共施設等における花きの活用拡大支援事業」(2,710万円)については沖縄県販売促進協議会等を取組主体として公共施設等での飾花・展示を実施している。また、畜産物の「沖縄県産畜産物学校給食提供事業」(9,394万円)については沖縄県畜産振興公社を取組主体として在来品種のブランド豚であるアグーを対象に学校給食への提供を支援するとともに、子ども食堂等へ県産鶏卵の提供を支援している。さらに、「県内学校給食へのかんしょ提供事業」（2,523万円）については観光客の激減等によって紅イモタルトなどの土産物の需要が減少し、在庫が増えた県内産カンショのペースト加工品を学校給食に無償で提供するとともに、食育パンフレットやレシピ集などを作成・配布している。

また、沖縄県畜産振興公社は独自予算で「県産食肉異業種連携緊急販売促進事業」（571.9万円）を設け、前年度に引き続き、沖縄県ホテル協会と連携して2022年１～３月に県内14ホテルで「県産和牛フェア」を実施したほか、「沖縄県産食肉等消費促進対策事業」（585.2万円）を措置し、県産畜産物のセットをオンラインで販売する即売会を実施している。

また、国の2020年度第３次補正予算で計上された「国産農林水産物等販路多様化緊急対策事業」についても外食事業者や食品流通事業者が「学校給食への食材提供」に、沖縄県黒砂糖協同組合や沖縄県畜産振興公社、食品流通事業者が「子ども食堂への食材提供」に、食品流通事業者や農業法人が「創意工夫による多様な販路の確立」にそれぞれ取り組んでいるほか、「食べチョク」などのサイトで県産マンゴーなどが販売され、送料の補助が実施されている。

なお、農産物の需要減少に対する直接的な支援策ではないが、沖縄県は2021年度に観光客向けなどとして県内で製造された菓子等を学校給食や子ども食堂、保育施設に提供し、県産菓子の魅力を発信することによって消費を喚起する「ぼくたちわたしたちが応援！県産お菓子の魅力発信事業」（１億1,788万円）も「地域創生臨時交付金」を活用して措置している。

沖縄県内においても新型コロナ禍でインバウンドや外食の需要が大幅に低下したことにより、和牛肉の枝肉価格が急落した。その結果、出荷が遅延した肥育牛が生じたことから、沖縄県は2020年度第４号補正予算において「地方創生臨時交付金」を活用し、「沖縄県肉用牛肥育経営安定対策事業」（863万円）を設けた。これにより出荷が遅れた肥育牛を飼養するための資材費等の掛かり増し経費として2.2万円/頭を支援した。事業実績は肥育経営12経営の150頭、330万円である。

「高収益作物次期作支援交付金」については沖縄県内では内閣府沖縄総合事務局が窓口となり、2020年度には野菜では島ラッキョウ、田イモ、バレイショ、サヤインゲン、オクラ、人参、ピーマン、トマト、カボチャ、トウガン、レタス等、花きでは小ギク、トルコギキョウ、ユリ、ドラセナ、切葉、鉢物等、果樹ではパインアップル、マンゴーのほか、カンショ（主に紅イモ）を対象として、1,097戸に14億円が交付された[14)]。

同事業において「高集約型品目」に分類された施設花き（かん水施設など一定の条件を満たせば平張施設も対象）については高額の支援が受けられたが、露地花きについては不十分であったため、沖縄県は2020年度第４号補正予算において同事業に取り組む花き生産者を対象とする「園芸作物再生産支援事業」（3,937万円）を措置している。これは国の露地花きへの支援に上乗せして、次期作に向けた取組を行った交付対象面積に対して定額交付するものである。当初は交付単価３万円/10aを予定していたが、想定を超える交付面積となったことから、実際の交付単価は2.76万円/10aとなった。実績額は3,759万円であり、実績件数はJAおきなわや沖縄県花卉園芸農協など６団体、取組実施申請者数284人、対象面積136haとなっている。

「Go To Eatキャンペーン」のプレミアム食事券については沖縄県では1,800店舗以上が登録し、販売予定額（食事券額面）60億円を見込んでいるが、県内では新型コロナの感染拡大が続いているため、2022年５月末現在でも売れ残りがある状況となっている。

さらに、沖縄県内では行政機関やその外郭団体が中心となって応援共同購入の取組を実施している。たとえば、沖縄県商工労働部マーケティング戦略推進課が中心となって県庁応援共同購入を2020年５月25日～６月20日に実施し、アグー豚、土産用菓子、パインアップル、マグロ・イカスミ汁セット、黒糖セットの協同購入を実施し、951万円を売り上げた。また、沖縄県は2020年度第６号補正予算において「地方創生臨時交付金」を活用し、商工労働部の事業として、生産者やメーカー等（供給者）と県内外の企業･団体（消費者）をマッチングし、共同購入による販路構築を通じて県産品の消費拡大を図る「県産品応援共同購入支援事業」（948万円）を行った。さらに、沖縄県畜産振興公社は2020年度に「アグー豚肉応援共同購入支援事業」を立ち上げ、官公庁や企業等の25団体に4,082kgのアグー豚肉を販売するとともに、2021年度には「アグー、県産和牛応援共同購入支援事業」を実施し、12団体にアグー豚肉1,218kg、県産和牛肉140kgを販売した。これらは新型コロナ禍で需要が大幅に減少した観光客や飲食店向けの商品・食材の売上確保に貢献している。

３）事業継続に向けた支援

沖縄県は新型コロナ禍によって大きな影響を受けた中小企業等の事業継続を図るために、2020年度第１号（2020年３月）補正予算において「県単融資事業費」（160億円）を措置した。また、国の「新型コロナウイルス感染症対策のための金融支援事業」についても関係機関が積極的に広報を行い、県内における2021年２月末の農林漁業セイフティーネット資金の貸付実行件数は310件、約41億円となっており、新型コロナ禍の影響を受けた農林漁業者の資金繰りなどに多額の融資が行われている。

「持続化給付金」については農協組織が中心となって農業者に対する申請の支援を行っており、JAおきなわでは各地区に会場を設置し、432人の組合員の申請を支援したほか、沖縄県花卉園芸農協では各支部で説明会や個別相談会を行い、251人が参加した。

「経営継続補助金」についてはJAおきなわや沖縄県花卉園芸農協、沖縄県酪農協などの農協組織や沖縄県農業法人協会、沖縄県農業会議が支援機関となって計画策定等の支援を行い、2020年度の１次・２次募集における採択件数は2,624件であった。

「一時支援金」についてみると、沖縄県は2021年１月に発出された緊急事態宣言の対象地域ではなかったものの、宣言地域における外出自粛の影響を受けた地域（2016年以降の旅行者の５割以上が宣言地域内から来訪している地域）において商品・サービスを提供している事業者やこれらの事業者に対して商品・サービスを提供する事業者が対象となるスキームとなっており、県内の農林漁業者も対象となった。また、「月次支援金」についても沖縄県は2021年４月以降の緊急事態宣言やまん延防止等重点措置の対象であったことから、県内の飲食店のほか、農林漁業者も対象となった。これらについて沖縄県では農協や漁協を登録認定機関とした支援体制を構築している。

また、沖縄県は2020年度第４号補正予算において文化観光スポーツ部の事業として、「安全・安心な島づくり応援プロジェクト」（32.5億円）を設け、県内における中小企業者等の感染拡大防止対策を奨励するため、１事業者当たり一律10万円の奨励金を交付した。申請件数は２万815件にのぼり、そのうち農林漁業者への給付実績は農林業2,503件、漁業1,008件であった。

４）その他の支援策

沖縄県は県外に出荷される県産農林水産物について地理的な条件不利性の改善を通して直近他県の産地との競争条件の平準化を図るとともに、北部・離島地域における基幹産業である農林水産業の持続的な維持増進を図るため、国の「一括交付金」を活用して「農林水産物流通条件不利性解消事業」を行っている。しかし、新型コロナ禍による2020年４月からの緊急事態宣言に伴って航空旅客便が大幅に減便され、JAをはじめとする大口出荷団体と代理店の要請や航空会社の協力によって臨時便の就航や定期便の大型化が行われたが、貨物輸送代金は大幅に増加した。そこで、沖縄県は「農林水産物流通条件不利性解消事業」の特例を設け、緊急的に補助単価を引き上げることで臨時便の就航を支援した。その対象期間は2020年５月１日～６月30日であり、たとえば沖縄本島から県外へ航空輸送した場合、通常基準額は花き・水産物では80円/kg、その他品目では60円/kgのところ、特例基準額では230円/kgとした。特例措置にかかわる補助額は約4.5億円、輸送実績は約1,700ｔである。

さらに、沖縄県は2020年度第４号補正予算において、旅客便の減便に対する航空物流機能の回復を図るため、貨物専用臨時便の運航に必要な経費の一部を航空会社に補助する「航空物流機能回復事業」を「地域創生臨時交付金」を活用して措置し、2021年度にも継続して実施している（2020年度予算額は4,120万円、同実績額は約906万円、2021年度予算額は2,100万円）。これによって2020年度には７月に宮古－那覇便が７便、石垣－那覇便が６便、３月に宮古－那覇便が４便の計17便が運航され、７月には主にパインアップルとマンゴー、３月には主にゴーヤー（ニガウリ）が輸送された。これら以外の月についても貨物専用臨時便を計画便として設定し、不測の事態に迅速に対応できる体制を確保した。その結果、県外出荷量は貨物専用臨時便を運航した７月と３月も対前年同月比それぞれ△１％、△３％に抑えられるなど、ほぼ前年並みに維持された。なお、2021年度における６月までの貨物専用臨時便の運航実績は５月に宮古－那覇便が４便、６月に宮古－那覇便が３便、石垣－那覇便が３便の計10便である。

その他、輸出の支援策として、沖縄県は2020年度第６号補正予算において国の「輸出力の維持・強化に向けたプロモーション・施設整備等への重点支援」のうちの「輸出先国の市場変化に対応した食品等の製造施設等整備の緊急支援事業」を活用して「輸出先国市場変化対応食品等製造施設等整備緊急支援事業」（1,874万円）を措置している。

４．おわりに

新型コロナ禍に伴う外出や出入国、営業、イベント等の自粛や制限措置により、インバウンドを含む観光、外食、イベント等の需要が大きく減少し、農業分野も大きな影響を受けた。このような未曽有の危機に対して、2020年４月７日に農林水産大臣が公言したとおり、農林水産業者の経営や国民の生活基盤を守るために、農林水産物の消費喚起策や経営継続対策、労働力確保対策、輸出促進策などの「思い切った経済対策」が講じられた。

沖縄県内でもインバウンドを含む観光客が大幅に減少し、外食需要の大きい和牛やアグー豚、土産用菓子等の原料となる紅イモをはじめとする地域特産品、冠婚葬祭やホテル等の装飾に使用される切花等の県内需要が消失するとともに、春の彼岸に出荷のピークを迎える小ギクを中心としたキク類などの県外需要も大きく落ち込んだ。さらに、航空旅客便の減便により県外出荷を主とするパインアップルやマンゴー、ゴーヤー等の輸送手段の確保なども問題となった。これらについても国の新型コロナ関連対策事業と「地域創生臨時交付金」等を活用したさまざまな事業によって対策が講じられた[15]。

とはいえ、観光・リゾート地として名を馳せており、観光需要の大きい沖縄県では他の都道府県と比べて新型コロナ禍による農業経営や農村地域への影響も大きいと考えられることから、行政支援の効果について検証していくことは今後の危機に備えるうえで重要であり、残された研究課題でもある。

注

1）農林水産省HP「江藤農林水産大臣記者会見概要」（https://www.maff.go.jp/j/press-conf/200407.html）による。

2）農林水産省HP「令和２年４月７日緊急事態宣言を受けての江藤農林水産大臣メッセージ」（https://www.maff.go.jp/j/douga/200407-2.html）による。

3）国による支援策については特別に断りのない限り、主に農林水産省の次のウェブサイトによる。「令和２年度農林水産関係補正予算の概要」（https://www.maff.go.jp/j/budget/r2hosei.html）、「令和２年度農林水産関係第２次補正予算の概要」（https://www.maff.go.jp/j/budget/r2hosei2.html）、「令和２年度農林水産関係第３次補正予算の概要」（https://www.maff.go.jp/j/budget/r2hosei3.html）、「令和３年度農林水産関係補正予算の概要」（https://www.maff.go.jp/j/budget/r3hosei.html）による。

4）農林水産省HP「『食べて応援学校給食キャンペーン』特設通販サイトの設置について」（https://www.maff.go.jp/j/press/shokusan/ryutu/200316.html）による。

5）農林水産省HP「日本の牛乳を救う『プラスワンプロジェクト』緊急スタート！」（https://www.maff.go.jp/j/chikusan/gyunyu/lin/plusone_project.html）による。

6）農林水産省HP「『花いっぱいプロジェクト』の取組について」（https://www.maff.go.jp/j/seisan/kaki/flower/hana-project.html）による。なお、これは2021年１月29日より「花いっぱいプロジェクト2021」としてリニューアルしている。

7）農林水産省HP「国産農林水産物等販売促進緊急対策について」（https://

www.maff.go.jp/j/kanbo/hanbaisokushin/hansoku.html）による。
8）外食事業者や食品流通事業者に対してはこの事業とは別に、食品産業資金融通円滑化対策（22億円）が設けられている。
9）経済産業省HP「月次支援・一時支援金」（https://ichijishienkin.go.jp/）等による。
10）経済産業省HP「事業再構築補助金」（https://www.meti.go.jp/covid-19/jigyo_saikoutiku/index.html）による。
11）経済産業省HP「事業復活支援金」（https://www.meti.go.jp/covid-19/jigyo_fukkatsu/index.html）による。
12）内閣府地方創生推進事務局HP「内閣官房・内閣府総合サイト　新型コロナウイルス感染症対応地方創生臨時交付金」（https://www.chisou.go.jp/tiiki/rinjikoufukin/index.html）による
13）事業対象には水産物（マグロ、ソデイカ、クルマエビ、ヤイトハタ、モクズ）の学校給食への提供支援も含まれており、2020年度の実績は延べ676校、11,627ｔである。なお、2021年度にも同様の事業が行われた。
14）2021年度については対象品目が限定されており、交付額は2020年度の半分以下の見通しである。
15）上記12）の「令和２年度実施計画一覧」によると、沖縄県内の市町村における「地方創生臨時交付金」を活用した事業は2020年度だけでも約1,500事業が実施されており、そのなかには農林水産業関連の事業も多く含まれている。

参考文献

飯和哉（2021）「令和３年度及び２年度第３次補正農林水産関係予算のポイント―コロナ禍におけるデジタル改革と輸出力の強化―」『立法と調査』431：125-135
経済産業省（2020）『経済産業省関係令和２年度補正予算（概要）』
日下祐子（2020）「新型コロナウイルス感染拡大と食料供給・農業―令和２年上半期における影響と対策―」『立法と調査』428：16-26
日本農業新聞（2022）2022年４月28日付「沖縄酪農“多重苦”」
農林水産省（2021）『令和３年版食料・農業・農村白書』農林統計協会
小田志保（2020）「新型コロナウイルスの影響から考える酪農・乳業の現状」『農林金融』73（7）：2-17

（内藤 重之）

第5章

6次産業化に取り組む農業経営への影響とその対応

1．はじめに

6次産業化とは農林漁業者等が1次産業としての農林漁業と2次産業としての製造業、3次産業としての小売業等の事業との総合的かつ一体的な推進を図り、農山漁村の豊かな地域資源を活用した新たな付加価値を生み出す取組のことである。わが国の農林漁業は安価な輸入農林水産物の増加等により、所得の減少や担い手の高齢化・減少が進み、農山漁村は地域経済の衰退や耕作放棄地の増加などさまざまな問題を抱えている。このような状況のもとで、6次産業化に取り組む農業者が増えており、政府も6次産業化を推進することにより、農山漁村における農林漁業者の所得向上や雇用の確保を目指してきた。しかし、新型コロナ禍により6次産業化の事業のなかでもサービス部門に進出した農業者などが大きな影響を受けており、とりわけ観光需要に大きく依存している沖縄県の離島ではそれがより顕著であると考えられる。

そこで、本章では6次産業化の推進施策について概観し、全国および沖縄県における6次産業化の取組状況を把握するとともに、沖縄県内の離島における3法人の事例調査に基づいて新型コロナ禍の影響とその対応について明らかにする。

なお、事例調査は2021年5月と11月、2022年4月に実施した。

2．6次産業化の提唱とその背景

古くから農家は6次産業化の原型といえる多様な農業生産関連事業を副業

として営んでいただけでなく、振り売りや朝市、定期市といった形態で消費者への直売を行っていた。しかし、商工業が発達するにつれて分業化が進み、農家は農業生産のみに傾倒し、農業の相対的地位は低下していった。とりわけ高度経済成長期以降には流通業や製造業が大型化する状況のもとで、農業の弱体化が進んだ。

このようななか、1990年代半ばに今村奈良臣東京大学名誉教授によって６次産業化が提唱された。近年の農業は農業生産や原料供給のみを担当させられるようになっているが、食品製造業に取り込まれた２次産業分野、卸・小売業や情報サービス産業、観光業に取り込まれた３次産業分野を農業の分野に取り戻そうではないかと提案したのである（今村，1998)。

この点について**表5-1**に基づいてわが国における農業・食料関連産業の国内総生産の推移から確認してみよう。1970年には11.5兆円であった農業・食料関連産業の国内総生産は、その後急速に拡大し、６次産業化が提唱されたのとほぼ同時期の1995年には58.0兆円にのぼった。それに占める産業別の割合をみると、農林漁業は1970年には35.6％と３分の１以上に及んでいたが、その後急速に低下して1995年には14.6％となり、なかでも農業は29.3％から12.3％にまで落ち込んでいる。この間、食品製造業を中心とする関連製造業

表 5-1　農業・食料関連産業の国内総生産の推移

（単位：兆円、％）

		年次	1970	1975	1980	1985	1990	1995	2000	2005	2010	2015	2019
農業・食料関連産業の国内総生産			11.5	23.6	34.0	42.0	50.5	58.0	56.3	53.6	47.7	53.5	53.9
構成比	計		100.0	100.0	100.0	100.0	100.0	100.0	100.0	100.0	100.0	100.0	100.0
	農林漁業		35.6	32.3	23.9	22.5	19.4	14.6	12.6	11.6	11.4	10.5	10.2
		農業	29.3	26.8	19.1	18.6	16.2	12.3	10.5	9.8	9.6	8.8	8.7
		林業	0.3	0.3	0.3	0.2	0.2	0.2	0.2	0.2	0.2	0.2	0.2
		漁業	6.1	5.2	4.5	3.7	3.0	2.1	1.9	1.6	1.5	1.5	1.3
	関連製造業		24.3	19.6	24.2	24.7	24.4	23.6	26.1	25.3	27.2	26.5	26.4
		食品製造業	23.2	18.0	22.9	23.4	23.3	22.7	25.1	24.4	26.2	25.4	25.5
		資材供給産業	1.1	1.7	1.4	1.4	1.1	0.8	1.0	0.9	1.0	1.1	0.9
	関連投資		3.0	3.5	4.2	3.5	3.5	3.8	3.4	2.4	1.9	1.8	2.3
	関連流通業		26.8	27.1	29.4	28.5	32.4	37.2	38.1	40.4	38.3	41.2	41.7
	外食産業		10.2	17.3	18.3	20.9	20.3	20.9	19.8	20.3	21.2	20.0	19.4
	（参考）食品産業		60.2	62.5	70.6	72.7	76.0	80.8	83.0	85.1	85.7	86.6	86.7

資料：農林水産省「農業・食料関連産業の経済計算」（2020年）より作成。
注：食品産業＝食品製造業＋関連流通業＋外食産業

の占める割合に大きな変動はないが、1970年代から80年代前半には外食産業が急伸し、それ以降は関連流通業が大きな割合を占めるようになっている。1990年代半ば以降、農業・食料関連産業の国内総生産は2010年頃まで漸減傾向で推移し、その後はやや回復して近年では54兆円前後となっているが、依然として農林漁業の割合は低下し続けており、2019年にはわずか10.2％にすぎない状況となっている。このように、食品産業を中心として農業・食料関連産業の国内総生産は1990年代半ばまで著しく上昇し、その後も比較的堅調に推移するなかで、農林漁業は著しくその地位を低下させてきたことがわかる。

3．六次産業化・地産地消法の概要と６次産業化事業の取組状況

1）六次産業化・地産地消法と６次産業化の推進に関する支援策

2010年12月に制定され、翌2011年３月に全面施行された六次産業化・地産地消法（正式名称は地域資源を活用した農林漁業者等による新事業の創出等及び地域の農林水産物の利用促進に関する法律）は、６次産業化と地産地消の取組を促進させる施策を総合的に推進することにより、農林漁業等の振興、農山漁村等の活性化および消費者の利益の増進を図ることなどを目的としている。同法では６次産業化の支援施策である「総合化事業計画」や計画における特例措置等について規定している。総合化事業計画とは農林漁業者等が農林水産物等の生産およびその加工・販売を一体的に行う事業計画である。国から６次産業化の支援を受けるためには農林水産大臣より総合化事業計画の認定を受ける必要がある。総合化事業計画が認定されると、無利子融資資金（改良資金）の償還期限・据置期間の延長、直売施設等を建築する際の農地転用等の手続きや市街化調整区域内で施設整備を行う場合の審査手続きの簡素化など各種法律の特例措置のほか、６次産業化プランナーの派遣、食料産業・６次産業化交付金等による補助などの支援を受けることができる[1)]。

各都道府県に設置された６次産業化サポートセンターは６次産業化に取り

組む農林漁業者等の相談内容に的確に対応できる６次産業化プランナーを派遣し、課題解決に向けてサポートを行うだけでなく、総合化事業計画の作成に対する支援なども行っている。また、現在では東京に６次産業化中央サポートセンターが設置されており、都道府県段階では不足している専門分野を６次産業化中央プランナーがカバーするとともに、経営やサプライチェーン全体を見渡せる６次産業化エグゼクティブプランナーを選定・派遣し、支援を受けた事業者を地域の優良事業者に育成する取組を行っている。

食料産業・６次産業化交付金等による補助としては、新商品の開発や販路開拓等に対するソフト面の補助、新たな加工・販売等へ取り組む場合に必要な施設整備に対するハード面の補助を実施している。

２）全国における６次産業化事業の取組状況

(1) 農漁業生産関連事業の実施状況

農林水産省「６次産業化総合調査」(2019年度) によると、農業生産関連事業と漁業生産関連事業の販売額は六次産業化・地産地消法が施行された2011年度からともに堅調に推移してきたが、後者については2015年度以降、前者については2017年度以降、横ばいとなっている。2019年度における両者をあわせた農漁業生産関連事業の年間総販売額は２兆3,074億円、事業体数は６万7,680、従事者数は46.7万人であり、そのうち農業生産関連事業がいずれも９割以上と大半を占めている。**表5-2**は全国における農業生産関連事業

表 5-2　全国における農業生産関連事業の年間販売額および事業体数（2019 年度）

（単位：百万円、事業体、百万円/事業体）

		計	農産加工	農産物直売所	観光農園	農家民宿	農家レストラン
販売額	計	2,077,254	946,841	1,053,366	35,943	5,409	35,696
	農業経営体	610,834	366,937	175,413	35,943	5,409	27,132
	農協等	1,466,421	579,904	877,953	—	—	8,564
事業体数	計	64,070	32,400	23,660	5,290	1,360	1,360
	農業経営体	52,060	30,640	13,520	5,290	1,360	1,250
	農協等	12,020	1,770	10,140	—	—	110
１事業体当たり販売額	計	32.4	29.2	44.5	6.8	4.0	26.2
	農業経営体	11.7	12.0	13.0	6.8	4.0	21.7
	農協等	122.0	327.6	86.6	—	—	76.5

資料：農林水産省「６次産業化総合調査」（2019 年度）より作成。

の実施状況を新型コロナ禍前の2019年度について示したものであるが、業態別では農産物直売所が１兆534億円（50.7％）、農産加工が9,468億円（45.6％）とこの２業態で全体の９割超を占めており、観光農園（1.7％）、農家レストラン（1.7％）、農家民宿（0.3％）といったサービス部門は非常に限られている。また、事業体数では農業経営体が８割以上を占めており、農協等の割合は２割以下にすぎず、しかもその大半を農産物直売所が占めている。しかし、販売額では農協等が７割を占めており、なかでも農産物直売所では８割以上に達している。さらに、１事業所当たりの販売額をみると、農業経営体では総じて小さいのに対して、農協等では比較的大きく、とくに農産加工は3.3億円に及んでいる。

(2) 総合化事業計画の認定状況

農林水産省「認定事業計画の累計概要」によると、総合化事業計画の認定件数は2021年７月現在、2,596件となっている。そのうち農畜産物関係が2,299件（88.6％）と大半を占めており、林産物関係と水産物関係はそれぞれ104件（4.0％）、193件（7.4％）にとどまっている。対象農林水産物別にみると、野菜が31.3％、果樹が18.6％と青果物の割合が高く、以下、畜産物12.6％、米11.8％、水産物5.6％、豆類4.4％、林産物3.8％と続いている。事業内容別にみると、加工･直売（68.8％）が７割近くを占めており、これに加工（18.2％）を加えると87％に及ぶ。さらに、加工･直売･レストラン（7.1％）、加工･直売・輸出（2.2％）を含め、加工が組み込まれた計画が全体の96.3％に達する。それら以外は直売2.9％、輸出0.4％、レストラン0.4％にすぎない。

さらに、農林水産省「認定総合化事業計画一覧」から認定を受けた事業体数を年度別にみると、年々減少する傾向にある。また、事業体の組織形態をみると、農事組合法人を含めて法人組織が多く、個人経営体も少なくないが、農協組織（JA女性部を含む）は70件（2.7％）、漁協組織（漁業生産組合を含む）は26件（1.0％），森林組合は２件（0.1％）ときわめて少ない[2)]。また、共同申請者（農林漁業者等）を伴う計画はわずか30件（1.2％）にすぎず、促進事業者（非農林漁業者等）を伴う計画も127件（4.9％）にとどまっている。地域社会への波及効果を拡大するには、農協をはじめとする協同組合の取組とあわせて、櫻井（2015）や室屋（2013）が指摘するように、複数の事業体と連携した取組が増えることが必要であろう。

３）沖縄県における６次産業化事業の取組状況

(1) 農漁業生産関連事業の実施状況

表5-3は沖縄県における農業生産関連事業の実施状況を新型コロナ禍前の2019年度について示したものであるが、販売総額は195億円、事業体数は360であり、事業体数はあまり多くないものの、１事業体当たりの販売額は全国の約1.7倍に相当する54.1百万円となっている。業態別にみると、農産物直売所が129.8億円（66.6％）で全体の３分の２を占めており、次いで農産加工が51.3億円（26.4％）であり、この２業態で全体の93％を占めている。全国と同様に、農家レストラン（3.9％）、観光農園（2.4％）、農家民宿（0.3％）といったサービス部門は非常に限られているが[3)]、農家レストランと観光農園の１事業体たりの販売額はそれぞれ75.3百万円（全国の2.9倍）、23.2百万円（同3.4倍）と全国に比べてかなり大規模である。

表5-3　沖縄県における農業生産関連事業の年間販売額および事業体数（2019年度）

（単位：百万円、事業体、百万円/事業体）

		計	農産加工	農産物直売所	観光農園	農家民宿	農家レストラン
販売額	計	19,462	5,133	12,970	463	143	753
	農業経営体		3,940	1,638			
	農協等		1,193	11,332			
事業体数	計	360	170	120	20	40	10
	農業経営体		150	60			
	農協等		20	60			
１事業体当たり販売額	計	54.1	30.2	108.1	23.2	3.6	75.3
	農業経営体		26.3	27.3			
	農協等		59.7	188.9			

資料：表5-2に同じ。

(2) 総合化事業計画の認定状況

沖縄県における2021年９月末の六次産業化・地産地消法に基づく総合化事業計画の認定件数は61件となっている。そのうち農産物関係が大半を占めており、水産物関係と林産物関係が含まれる計画はそれぞれ５件、２件にすぎない。農産物関係については果樹や畜産、野菜、工芸作物を対象とする事業計画が多く、野菜では島ラッキョウやシマナー（カラシ菜）、ニガナ、クワンソウなどの島野菜、果樹ではパインアップルやマンゴー、パッションフルーツ、バナナ、ドラゴンフルーツ、コーヒーなどの熱帯果樹およびシークワーサーやタンカンなどの柑橘類、畜産では在来豚のアグーやヤギ、花きではブーゲンビリアやハイビスカスのほか、サトウキビや香辛料のピパーツ（長胡椒）、島トウガラシ、ウコンなど、水産物関係ではモズクや海ブドウ、ミーバイ、琉球スギといった地域特産物を対象とする事業計画が多いことを特徴としている。

一方、総合化事業計画の事業内容をみると、全国と同様に加工・直売あるいは加工のみを対象とする事業計画が多くなっているが、観光業が盛んな沖縄県の特徴として観光農園や食農体験を対象とした事業計画もみられる。また、畜産では牛肉、豚肉、鶏肉のブランド確立や循環型農業の構築に関する事業が多く、野菜や果実では規格外品や加工残渣の有効活用に関する事業も認定されている。

４．新型コロナ禍による６次産業化事業への影響

１）全国および沖縄県における６次産業化事業への影響

表5-4は新型コロナ禍による６次産業化事業への影響をみるために、2019年度と2020年度の数値を比較したものである。これによると、全国では農業生産関連事業の大半を占める農産加工と農産物直売所については前者で事業体数が1.4％増加し、販売額が3.0％減少しているものの、後者については事業体数、販売額ともにほとんど変化はなく、全体では総事業体数はほぼ前年

表 5-4　新型コロナ禍による農業生産関連事業への影響

（単位：百万円、事業体、百万円/事業体、%）

			計	農産加工	農産物直売所	観光農園	農家民宿	農家レストラン
全国	販売額	2019 年度	2,077,254	946,841	1,053,366	35,943	5,409	35,696
		2020 年度	2,032,947	918,659	1,053,477	29,320	3,623	27,868
		前年度対比	△ 2.1	△ 3.0	0.0	△ 18.4	△ 33.0	△ 21.9
	事業体数	2019 年度	64,070	32,400	23,660	5,290	1,360	1,360
		2020 年度	64,160	32,840	23,600	5,120	1,270	1,330
		前年度対比	0.1	1.4	△ 0.3	△ 3.2	△ 6.6	△ 2.2
	１事業体当たり販売額	2019 年度	32.4	29.2	44.5	6.8	4.0	26.2
		2020 年度	31.7	28.0	44.6	5.7	2.9	21.0
		前年度対比	△ 2.3	△ 4.3	0.3	△ 15.7	△ 28.3	△ 20.2
沖縄県	販売額	2019 年度	19,462	5,133	12,970	463	143	753
		2020 年度	17,208	4,480	11,786	388	112	443
		前年度対比	△ 11.6	△ 12.7	△ 9.1	△ 16.2	△ 21.7	△ 41.2
	事業体数	2019 年度	360	170	120	20	40	10
		2020 年度	380	190	120	20	40	20
		前年度対比	5.6	11.8	0.0	0.0	0.0	100.0
	１事業体当たり販売額	2019 年度	54.1	30.2	108.1	23.2	3.6	75.3
		2020 年度	45.3	23.6	98.2	19.4	2.8	22.2
		前年度対比	△ 16.2	△ 21.9	△ 9.1	△ 16.2	△ 21.7	△ 70.6

資料：農林水産省「６次産業化総合調査」（2019・2020 年度）より作成。

並み、総販売額も2.1％減にとどまっており、大きな影響はみられない。しかし、農家民宿、農家レストラン、観光農園では大きな影響を受けており、それぞれの販売額は33.0％、21.9％、18.4％も減少している。

また、沖縄県についてみると、総事業体数は増加しているにもかかわらず、総販売額は11.6％減少しており、すべての業態において販売額がマイナスとなるなど、大きな影響を受けている。具体的にみると、とりわけ農家レストランでは事業体数が２倍になっているが、販売額は41.2％も減少しており、大きな打撃を受けているとみられる。また、販売額は農家民宿では２割以上、観光農園や農産加工でも１割以上の減少となっている。

このように、沖縄県内では農産加工やサービス分野に進出し、６次産業化の事業に成功している事例が多いが、これらは新型コロナ禍により大きな影響を受けている。そこでつぎに、沖縄県内の離島において６次産業化の事業に取り組む３つの経営事例について新型コロナ禍の影響とその対応をみていくことにしたい。

2）沖縄県の離島における経営事例

(1) A法人の事例

まず、認定総合化事業計画の７割近くを占める加工・直売を主とする農業生産法人有限会社Ａ法人（以下、「Ａ法人」）の事例からみていこう。

石垣島にあるＡ法人は代表のＩ氏が1993年２月に設立した。石垣島生まれのＩ氏は1980年に肉用牛の繁殖経営を始めたが、当時は子牛の価格が安く経営が厳しかったことから、1990年に酪農経営に転換した。1993年に法人化し、2010年に自己資金と借入金あわせて５千万円を投じ、建物とイタリア製のジェラート製造用機器等を購入してジェラートやハンバーガーなどを製造・販売する直営店舗を開店した。2012年には六次産業化総合化事業計画の認定を受け、2013年には新石垣空港の開港に合わせて同空港内に石垣空港店を開店している。

現在の経営規模は畜舎1,900㎡で経産牛60頭、育成牛20頭を飼養しており、生乳生産量は約450ｔ（１頭当たり約7,500ℓ）である。濃厚飼料は購入しているが、粗飼料はすべて自給しており、約13haの採草地でローズグラスとギニアグラスを混植し、年間800～900個のロールベールを生産している。また、乳牛についても当初は北海道から初妊牛を導入していたが、現在では後継牛をすべて自家育成している。2019年における売上高は約2.5億円であり、うち地元の乳業メーカーに販売する生乳が約５千万円、加工品が約２億円であった。

同法人では地産地消にこだわっており、自社生産の生乳を使用したジェラートは30種類以上に及ぶが、これらはすべて無添加・無着色であり、マンゴー、島バナナ、紅イモ、パパイヤ、グアバ、ドラゴンフルーツ、パインアップル、パッションフルーツ、塩黒糖など地域の素材を活かした商品となっている。原料の青果物は地元の10戸ほどの農家から仕入れており、契約を行わないものの、規格外品を全量引き取ることを条件に取引している。これらのジェラートは直営店のほか、石垣島のホテルや土産物店、JAファーマーズマーケット、通信販売などでも販売しているが、直営店では淘汰した乳牛を使用したハンバーガー、牛丼、ビーフカレー、タコライスなども人気商品となっている。これらに使用する原料の牛肉はと畜・解体・カット処理を委託しているが、淘汰牛を使用することによってその処理費を削減できるだけでなく、乳量の減少した牛を淘汰することによって牛群更新の効率化にもつながっている。

加工製造部門の売上高は2012年には2,600万円弱であったが、2014年に１億円の大台を突破し、2019年には約２億円に達した。また、同年の直営店への来客数は約30万人に及んだ。しかし、新型コロナ禍により2020年における直営店への来客数は５～６万人ほどに落ち込み、ジェラート12個入りなどの通信販売が徐々に伸びているものの、加工品の売上高は約１億円に半減している。

同法人では20人以上の従業員を雇用しているが、離島における貴重な就業先となっているため、売上が低迷したからといって従業員数を減らすわけにもいかない。また、離島では生産資材の調達コストや生産物の出荷コストが高くなるといった経済条件の不利性を抱えているだけでなく、施設や機械が故障した場合、すぐに修理や部品調達ができないため、予備の施設や機械が必要となるなど、加工によって６次産業化を図る際にも施設整備が割高にならざるを得ない状況にある。しかも、同法人では園芸農家から収穫期にまとめて原料を調達し、それを加工して１年間にわたって販売していくため、新型コロナ禍による売上の減少は資金繰りを厳しくしている。持続化給付金を200万円受給するとともに、空港店には多少の補償があったとのことであるが、売上減少の大きさを考えると焼け石に水といった金額であり、融資支援サービスを受けることができ、資金調達は可能となっているとはいえ、厳しい経営を強いられた。

Ａ法人では新型コロナ禍のもとで、新商品の開発に着手するとともに、ウィズコロナ、アフターコロナに向けて、八重山諸島を一望できる立地を生かし、直営施設にレストラン部門を増設することを計画している。これによって、地元住民や観光客に地域資源を活かした食材に付加価値を付けた料理を楽しんでもらえるだけでなく、既存の加工品もメニュー化でき、レストラン部門のメニューとの相乗効果を出すことができる（沖縄県商工労働部雇用政策課，2022）。さらに、口コミなどによって伸びてきた加工品の通信販売にも力を入れ、売上の回復を図るつもりである。

(2) Ｂ法人の事例

つぎに、現状では取組が少ないものの、今後の展開が期待される農家レストランを中心として加工･直売にも取り組む農業生産法人有限会社Ｂ法人（以下、「Ｂ法人」）の事例についてみていくことにしたい。

農産物の生産、加工、販売のほか、農家レストランを営むＢ法人は宮古島と来間大橋で結ばれた来間島に2002年に設立された。同法人の代表取締役は県外から同島の農家に嫁いだＳ氏であり、従業員数は2022年４月現在、19人（レストラン部門10人、農場部門２人、加工部門４人、流通部門２人、経理部門１人）に及ぶ。

同社直営の農場部門とS氏の夫が経営する農場の経営耕地面積はあわせて約４haであり、全国的にもめずらしい有機栽培のマンゴーをはじめとする熱帯果樹のほか、野菜や地域特産物など多品目多品種を主に有機栽培によって生産している。

加工部門では農場部門で生産した青果物や宮古群島内を中心とする30戸余りの農家から調達した原料を主に使用してジャムやゼリー、パウンドケーキ、カボチャ・葉ネギ等のカット野菜やボイル野菜などを自社で製造・販売しているが、化粧品等を製造する那覇市のメーカーに委託して石鹸も製造・販売している。

これらの販売については流通部門が担当しており、宮古島市内のホテル・土産店への卸売や通信販売のほか、農家レストランに併設された「おみやげ館」でも販売している。

農家レストランは来間島離島振興総合センター内において農産加工の活動

をしていた生活改善グループの農家女性の間で、農産物の加工・販売所がほしいという要望が高まったことから、農業構造改善事業を活用し、開業資金６千万～７千万円を投じて2003年に開業した。客席数は60席、駐車場は８台であり、営業時間については４～10月は11～19時、11～３月は11～18時30分となっている。主な集客方法は情報誌と口コミであり、2019年の集客数は年間３万人に及んでいた。

しかし、新型コロナ禍により2020年４月６日から営業時間を16時30分までに短縮し、緊急事態宣言の発令に伴い同月20日～６月10日まで臨時休業とした。その後も時短営業を続けたが、2021年１月17日～３月２日まで再び臨時休業とせざるを得なかった。このような時短営業や臨時休業とあわせて、観光客が減少したことにより、2020年には来客数は半減し、メニューの見直しなどによって客単価はやや高まったものの、2019年には約4,000万円であった売上は2,500万円ほどにまで減少した。また、市内のホテルや土産物店への卸売を主とする加工品の販売も2019年の約1,000万円から2020年には約500万円に半減した。一方、2019年には約1,800万円の売上であったマンゴーを主とする青果物の販売は、大半が通信販売であることから、観光客減少の影響はほとんどなく、逆に約2,000万円へと若干ながら増加した。2021年についても2020年と同様の傾向であるが、2020年４～５月ほどの観光客数の落ち込みがなかったことやテイクアウトが定着してきたこと、マンゴーやカボチャなどが豊作であったことなどから、2019年比で３割減の売上となっている。

同法人では2020年にはマンゴーの売上に新型コロナ禍による直接の影響がなかったことから、施設栽培のマンゴーなどを対象とする高収益作物次期作支援交付金については受給していないが、法人全体の収入減少に対して持続化給付金200万円を受給するとともに、雇用調整金130万円を受給した。また、最初の臨時休業中には税込み450円の日替わり弁当「彩り弁当」を販売し、多い日には50～60個ほどを売り上げたが、価格設定が低すぎたため、人件費や食材費を考慮すると赤字となった。この点についてＳ氏は経営的には完全に休業して補償を受けた方がよかったが、従業員のモチベーションの維持には有効であったため、無駄ではなかったと考えている。さらに、既存の加工施設を活かし、学校給食用としてカボチャや葉ネギ等の野菜を一次加工したカット野菜やボイル野菜などの販売を増やした。

S氏はこれまで宮古島市では県外への販売や観光客頼みの6次産業化を進めてきており、同法人も例外ではなかったが、新型コロナ禍によって学校給食や病院、介護施設、ホテル等に向けて周年的にカット野菜やボイル野菜が供給できるように、地産地消を目指した6次産業化への転換を図る必要性を痛感した。そこで、ポストコロナ・ウィズコロナ時代の経済社会の変化に対応するために用意された事業再構築補助金を活用し、約1億円をかけて冷凍・冷蔵施設を備えた集荷・選別施設の建設を進めている。

(3) C法人の事例

最後に、加工事業だけでなく、体験事業（観光農園）にも取り組む農業生産法人有限会社C法人（以下、「C法人」）の事例についてみていく。

県外出身者であるM氏が代表を務めるC法人は2012年8月に宮古島に設立され、それと同時に借地圃場においてサトウキビと島バナナの有機栽培を開始した。2013年4月には黒糖加工製品の製造を開始し、2013年9月には圃場を購入して規模拡大を図り、同年10月には有機JAS認証を取得した。

また、2017年1月には観光客や修学旅行生を対象として「黒糖&島バナナスイーツ作り」（以下、「リアル体験」）の体験型観光案内を開始した。その内容はサトウキビの手刈り収穫や生かじり、手動搾り機を使った生ジュース搾り、フライパンを使った黒糖作り、島バナナを使った焼きバナナ作りおよびハワイ種を使ったバナナアイスクリーム作りなどの体験とそれらの試食・試飲、黒糖の密封包装と土産用としての持ち帰り、体験パンフレットと写真撮影のサービスである。料金は小学生以上の一般4,500円、2歳以上の未就学児と見学のみの同伴者1,000円となっている。開始以降、体験者数は着実に増加し、2019年には1千人強、収入金額は386万円（販売代理店の手数料10～20%除く）となり、2020年には倍増を目論んでいた。

しかし、2020年３月時点で旅行業者を通じて個人予約が860人、修学旅行の団体予約が12校入っていたリアル体験は、新型コロナ禍によって４月以降にキャンセルが相次ぎ、６月までに実際に受け入れた人数は20人にまで激減した[4)]。その結果、同年４～７月の売上高は前年同期比８割減となった。そこで、７月から体験キットを送付し、サトウキビの丸かじりや苗の植付、黒糖作りをオンライン中継によって自宅でリモート体験できる「『サトウキビの魅力丸かじり』体験」（以下、「リモート体験」）を送料込み6,500円で販売した。この取組はモニターの評価は高かったものの、2020年の利用者は10組、売上は6.5万円にとどまった。なお、３月まで好調であり、前年の倍増を目論んでいたリアル体験については2020年の体験者数は762人（一般562人、団体200人）、売上287万円となり、前年を下回る結果となっている。

2021年に入ってからはリアル体験については予約が入ったり、キャンセルされたりといった状況が続いており、依然として厳しいが、リモート体験の利用者は５月17日時点で80組に増加し、とくに企業や市役所の労働組合など親睦旅行の積立を行っている団体からの申込が増えている。また、２月からは代表のM氏がサトウキビを持参して開催地を訪問し、体験型観光案内を実践する「出張型農体験」を栃木県の保育園で試行したのちに開始している。これは動画や写真、スライドを使った宮古島の地理や気候、植物、伝統文化などの紹介、サトウキビの植付から収穫までの栽培学習、サトウキビの丸かじりと苗の植付、黒糖作りの体験と試食、質疑応答などを所要時間120分程度で行うものである。対象者数は20～100人であり、事前学習に使えるオリジナルパンフレットや体験キット代を含めた料金は7.5万円（交通・宿泊費別）からとなっている。今のところ出張型農体験の申込はないが、リモート体験も含めて全国放送のテレビ番組や地元の新聞などのマスメディアでこれらの取組が取り上げられるようになっており、大手旅行業者もモニターとしてオンライン体験会に参加するようになるなど、今後に期待がもてる状況になりつつある。

一方、加工品の販売についてみると、黒糖蜜のシロップなどの商品を開発し、土産物店などへ卸していたものの、苦戦が続いていたが、黒糖蜜にココナッツオイルとラムを加え、９種類のナッツとフルーツを漬け込んだ商品である「美ら蜜ナッツ＆フルーツポット」が2019年１月に開催された「おきなわ島ふ～どグランプリ」において最優秀賞を受賞したことなどから、2019年には463万円の売上があった。また、2020年３～４月には航空会社の機内販売、６月には沖縄物産展での販売が決まっていたが、観光客の減少と物産展の中止によって「美ら蜜ナッツ＆フルーツポット」600個が売れ残った。そこで、新型コロナ禍に直面する生産者のフードロス削減を促進する通販サイトを活用したところ３日間で600個が売り切れ、その後も再販が決まり、同サイトでの2020年の売上は180万円にのぼった（沖縄タイムス，2021)。ただし、観光客が減少した影響は大きく、同サイトでの売上を含めて2020年における加工品の売上も前年をやや下回る434万円にとどまっている。M氏はいつまでもこの通販サイトに頼るべきではないと考え、自社のオンライン通販サイトを立ち上げているが、2021年に入ってからは通信販売の売上も減少し、土産物店等への卸売も低迷したままであり、観光客が減少した影響は大きい。

５．おわりに

統計分析によって新型コロナ禍による６次産業化事業への影響についてみると、全国では農家民宿や農家レストラン、観光農園に関しては販売額がかなり減少しているが、６次産業化事業の大半を占める農産加工と農産物直売所にはほとんど影響がみられなかった。しかし、沖縄県では農産加工や農産物直売所についても販売額が減少しており、すべての業態にマイナスの影響がみられた。

また、実態調査に基づく事例分析の結果、観光需要に大きく依存する離島では新型コロナ禍による６次産業化事業への影響はより深刻であることが明らかになった。

このような状況のもとで、事例分析の対象とした経営では新商品の開発、インターネットを利用した通信販売の取組強化や新サービスの開発・提供、学校給食やホテルをはじめとする地元の施設への加工野菜の販売強化などに取り組み、売上の確保を図っていた。また、ウィズコロナ、アフターコロナに向けて、加工・直売施設へのレストラン部門の増設や冷凍・冷蔵施設を備えた集荷・選別施設の整備などを進めている。

これらを踏まえてウィズコロナ、アフターコロナの時代に６次産業化に取り組む経営が維持・発展を図るためには、次のような点が重要になると考えられる。

第１に、６次産業化の事業では農産物直売所を除くと、加工・直売が大半を占めるが、それのみにとどまらず、できるだけ多角化を図ることである。Ｂ法人では加工・直売部門のみならず、主力の農家レストランも売上が大きく低下したが、マンゴーを中心とする農産物の通信販売が好調であり、カット野菜やボイル野菜の島内施設への販売も伸びている。また、Ｃ法人ではリアル体験の売上が大きく減少したが、ECサイトを利用した加工品の販売はある程度確保でき、新サービスであるリモート体験に活路を見出そうとしている。さらに、Ａ法人では既存の加工・直売施設にレストラン部門を増設することによってさらなる高付加価値化とシナジー効果の発揮を目指している。総務省（2019）では６次産業化事業の進捗が順調と考えられる事業者の割合は取組事業数が多くなるほど高いことが指摘されているが、多角化することによってシナジー効果が発揮され、売上額と利益率の向上を同時に実現できるだけでなく、リスク分散を図ることもできるのである。

第２に、販売チャネルの多様化を図ることである。沖縄に限らず、６次産業化に取り組む事業者の多くは地域内の直営店舗や近隣の農産物直売所、土産物店、宿泊施設等での販売または農山漁村内でのサービス提供が主流であると考えられる。しかし、わが国では地震や台風等の自然災害が多く、しかも近年では地球温暖化の影響とみられる大規模な豪雨災害等が頻発している。さらに、今般の新型コロナだけでなく、SARS、MERSや新型インフルエンザのような動物起源の感染症も増えている。今後もこのような自然災害や感染症の流行が懸念される状況のもとで、観光客等の旅行者を対象とした販路に多くを依存していては、いつ経営危機に見舞われるかわからない。そのため、事例分析の対象とした経営の取組のように、地元の消費者や実需者向けの商品・サービスの提供を重視することやインターネット等を活用した通信販売やサービスにも力を入れるなど多様な販路を保持し、リスク分散を図ることが重要であると考えられる。

また、沖縄県の離島に限らず、定住人口はそれほど多くなくても、観光客をはじめとする「交流人口」が多い地域がみられるが、これらの地域では「交流人口」を「関係人口」[5]に育てるなどして、「エシカル消費」[6]を行うリピーターを増やすことも重要であるといえよう。

注

1）これらの他に、農林漁業成長産業化支援機構（A-FIVE）による支援が行われてきた。A-FIVEは株式会社農林漁業成長産業化支援機構法に基づき、2013年に設立された官民ファンドである。総合化事業計画の認定を受けた事業者に対し、直接出資やA-FIVEが地域金融機関等とともに設立したサブファンドを通じた間接出資等の出資・融資および経営支援を実施してきた。しかし、設立以来、赤字が続いたことなどから、2025年度中を目途に出資回収を終了し、その後解散する予定となり、2021年度以降、新規の出資決定を行わないこととしている。

2）農協の総合化事業計画の認定数が少ない要因として、室屋（2013）は組合員間の合意形成、広域合併、事業エリアと行政エリアの乖離、既存加工事業の伸び悩みを挙げている。

3）農林水産省「6次産業化総合調査」では沖縄県において「農家民宿」を営む農業経営体数は40にすぎないが、第7章でみるとおり県内では体験教育旅行を受け入れる民泊が盛んであり、その多くは簡易宿所の営業許可を取得した農家民宿であることから、実際に農家民宿を営む農業経営体はかなりの数にのぼる。

4）2020年7月以降には団体予約の受入として12月に2校、70人あった。

5）総務省は関係人口を「定住人口」でもなく、観光で訪れた「交流人口」でもない、地域と多様に関わる人々と定義している。地域内にルーツがある人や過去に居住や勤務、滞在したことがある人、何度も行き来する人などがこれに該当する。

６）消費者庁はエシカル消費を「地域の活性化や雇用などを含む、人･社会･地域･環境に配慮した消費行動」と定義している。

参考文献

今村奈良臣（1998）「新たな価値を呼ぶ、農業の６次産業化」21世紀村づくり塾地域活性化教育指導推進部編『地域に活力を生む、農業の６次産業化―パワーアップする農業・農村―』21世紀村づくり塾：1-28
石丸雄一郎・和田綾子（2015）「沖縄県の酪農事情～飼料価格高騰下における所得向上の取組～」『畜産の情報』2015年８月号：49-62
室屋有宏（2013）「６次産業化の現状と課題―地域全体の活性化につながる「地域の６次化」の必要性―」『農林金融』66（5）：2-21
沖縄県商工労働部雇用政策課（2022）『－令和３年度－正規雇用化サポート・企業応援事業成果報告書』
沖縄タイムス（2021）2021年３月24日付「キビ体験ツアーで苦戦　オンライン販売に活路」
櫻井清一（2015）「６次産業化政策の課題」『フードシステム研究』22（1）：25-31
総務省（2019）『農林漁業の６次産業化の推進に関する政策評価書』

（内藤 重之）

第6章

観光農園への影響とその対応

1．はじめに

観光農園とは「農業経営体が観光客などの第三者に、圃場において自ら生産した農産物の収穫など一部の農作業を体験または圃場を鑑賞させ、料金を得る事業」（農林水産省）である。観光農園は都市住民にとっては自然豊かな環境のもとで農作業の体験や圃場の鑑賞といったレクリエーションを享受できるとともに、農業経営者にとっては収穫・調製・出荷などの作業を軽減できる場合が多いだけでなく、農産物の価格変動に左右されず、比較的安定した収入を得られるなど、都市住民、農業経営者の双方にとってメリットの大きい農業経営形態であるといえよう。

ところが、2020年初頭からの新型コロナ禍に伴う外出自粛などの影響により、観光需要は大きく減少し、観光と結びついて営農する観光農園経営に大きな影響を及ぼしている。とくに国内有数の観光・リゾート地として多くの観光客を迎え入れてきた沖縄県ではその影響がより顕著であると考えられる。

そこで、本章では観光農園の展開過程とその現状を主に既存文献と統計分析によって整理するとともに、沖縄県を事例として新型コロナ禍による観光農園への影響とその対応についてヒアリング調査に基づいて明らかにする。

なお、ヒアリング調査は沖縄県内18農園を対象として2021年11月～2022年４月に実施した。なお、18農園のうち主な分析対象としたのは2019年３月以前に観光農園を開園し、新型コロナ禍の影響が把握できる13農園に限る。

２．観光農園の展開過程と現状

１）観光農園の展開過程

わが国における都市住民を対象とした農村観光は、1894年に山梨県甲州市（旧勝沼町）に営利を目的とせず、単に甲州ブドウを眺める遊覧園が開かれ、東京周辺からの見物客が押し寄せたことが始まりとされる（中山，1968）。その後、大正期には旧勝沼町内で広範にブドウ栽培が普及し、来訪者を対象に摘み取りや直売が行われ、昭和期に入ると観光農園として本格化した。この時期の観光農園は都市住民のレクリエーション需要に応える形で少数の農家が単発的に開園したものであり、観光農園経営はあくまで副次的なものとして導入されていた（林，2010）。

高度経済成長期に入ると、都市部への人口流入や都市域の範囲が拡大したことにより、大都市近郊では農地が減少するとともに、自動車交通の発達や高速交通網の整備などもあって、それまでは大都市近郊に散在していた観光農園の立地範囲が拡大した（林，2010）。とはいえ、観光農園は入込み誘引力が小さいことから、①観光ルート上、②宿泊観光地への近接性、③大都市圏あるいは中核都市からの日帰り圏のいずれかに立地している場合が多く（溝尾，1999）、大都市圏からのアクセスに劣る農山村地域では、観光地近郊やスキー場などのレクリエーション地に散在する程度であった（山田，2008）。

1970年代以降には農家が個別に観光農園を開園するだけでなく、地域一体で観光農園を始めるケースがみられるようになった。また、1971年には農林水産省の農業構造改善事業の一環として自然休養村事業が開始されるなど、この時期には農山村振興に関する施策が増加し、これらの事業を活用して観光農園事業に取り組む農家も現れた（山田，2008）。

1990年代に入ると、それまでの外部資本による農山村の大型リゾート開発に代わって地域主導の開発の重要性に対する認識が高まり、ハード面よりも既存の地域資源を活用するソフト面の充実を図る農山村の観光振興が進められた。1992年には農林水産省によってグリーンツーリズムが政策課題として取り上げられた（宮崎, 1999）。観光農園もその一環として振興が図られてきたが、近年では６次産業化の一形態としても位置づけられるようになっている。

２）観光農園の現状

全国における観光農園の経営体数と年間売上金額の推移を2010年度以降についてみたものが**図6-1**である。これによると、観光農園の農業経営体数は2010年代前半には9,000経営体近くあったが、2014年度に7,000経営体弱に減少し、さらに2019年度には5,290経営体となっている。一方、2010年度には352億円であった観光農園の年間販売金額は、その後増加傾向で推移し、2018年度には403億円に達したが、2019年度には359億円となっている。

沖縄県における観光農園の経営体数と年間売上金額の推移を2010年度以降についてみたものが**図6-2**である。これによると、2010年度には50経営体あった沖縄県内の観光農園はその後、漸減傾向で推移しており、2019年度には20経営体となっている。年間売上金額についてみると、2010年度以降、６億円強から４億円強の間で推移しており、2019年度には4.6億円となっている。

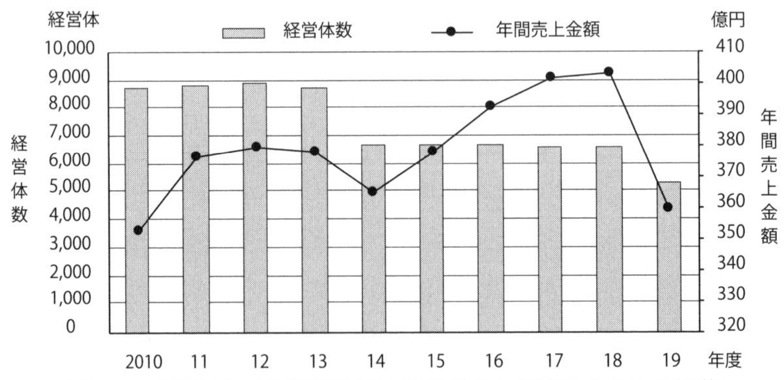

図6-1　全国における観光農園の経営体数と年間売上金額の推移

資料：農林水産省「６次産業化総合調査」（各年度版）より作成。

つぎに、**表6-1**は地域別にみた観光農園の経営体数と年間売上金額を2019年度についてみたものである。これによると、関東・東山が農業経営体数では全体の48.8％と半数近くを占めており、年間売上金額でも４割を占めている。沖縄県についてみると、農業経営体数は20経営体と少ないが、年間売上金額は4.6億円となっており、１農業経営体当たりの年間売上金額は2,204万円（全国平均679万円）と他地域に比べて大きい。なお、掲表していないが、

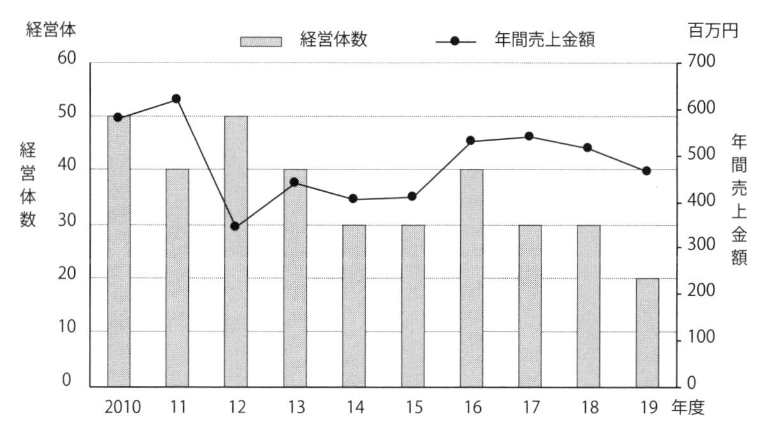

図6-2　沖縄県における観光農園の経営体数と年間売上金額の推移

資料：図6-1に同じ。

表 6-1　地域別にみた観光農園の経営体数と年間売上金額

（単位：経営体、百万円）

	農業経営体数		年間売上金額	
	実数	構成比	実数	構成比
北海道	210	4.0	2,066	5.7
東北	570	10.8	2,421	6.7
北陸	150	2.8	1,172	3.3
関東・東山	2,580	48.8	14,428	40.1
東海	390	7.4	6,650	18.5
近畿	480	9.1	3,015	8.4
中国	340	6.4	2,646	7.4
四国	110	2.1	856	2.4
九州	450	8.5	2,225	6.2
沖縄	20	0.4	463	1.3
計	5,290	100.0	35,943	100.0

資料：農林水産省「６次産業化総合調査」（2019 年度）より作成。

表 6-2　観光農園における取扱品目別農業経営体数の割合

（単位：経営体、%）

	農業経営体数（実数）	構成比							
		水稲	野菜	イモ類	果実	キノコ類・山菜	花き・花木	畜産物	その他
全国	5,290	2.2	14.8	6.2	85.5	2.4	2.7	0.8	5.2
北海道	210	2.4	47.6	13.9	61.5	0.5	3.8	2.4	25.5
東北	570	0.4	7.1	1.4	88.0	9.0	4.4	1.2	2.8
北陸	150	2.6	9.9	9.2	90.8	0.7	2.6	−	6.6
関東・東山	2,580	2.8	13.4	4.7	88.5	1.6	0.9	0.5	3.4
東海	390	2.3	18.7	4.4	86.5	2.6	1.0	0.8	5.2
近畿	480	1.7	22.6	19.0	74.1	2.3	2.1	0.6	5.4
中国	340	1.2	10.8	2.6	82.3	1.5	9.9	1.7	3.8
四国	110	−	12.3	1.9	97.2	5.7	1.9	−	5.7
九州	450	2.9	11.1	7.3	86.7	0.2	6.6	−	7.3
沖縄	20	−	23.8	4.8	90.5	−	4.8	−	9.5

資料：表 6-1 に同じ。
注：「構成比」は複数回答の結果である。

都道府県別にみると、農業経営体数、年間売上金額ともに最も多いのは山梨県（560経営体、30.3億円）、次いで長野県（480経営体、24.8億円）であり、東山の２県が上位に位置している。

表6-2より観光農園における取扱品目別農業経営体数の割合をみると、果実を取り扱う観光農園が85.5%に及んでおり、野菜、イモ類を取り扱う観光農園がそれぞれ14.8%、6.2%あることから、果実や果実的野菜、果菜などのもぎ取りやイモ掘りなどの収穫体験を主とする観光農園が多いことがわかる。一方で、花き・花木を取り扱う観光農園は2.7%と少ないが、溝尾（1999）によると、鑑賞が目的の観光農園の多くが花き類を主な観光資源にしている。

表6-3は観光農園における年間利用者数規模別農業経営体の割合を示したものであるが、全国では年間利用者数が500人未満の観光農園が半数近くを占めており、来園者数の少ない農業経営体が多いが、沖縄県では年間利用者数が500人未満の観光農園は25%にとどまる一方、5,000人以上のそれが30%を占めており、比較的大規模な農業経営体が多いことを特徴としている。

図6-3は地域別にみた観光農園の１農業経営体当たり営業日数を示したものである。全国平均の営業日数は86日であるが、沖縄県では139日であり、

表 6-3　観光農園における年間利用者数規模別農業経営体数の割合

（単位：%）

	計	100 人未満	100～500	500～1,000	1,000～2,000	2,000～3,000	3,000～5,000	5,000 人以上
全国	100.0	19.0	27.6	13.5	14.2	8.3	6.1	11.3
北海道	100.0	18.0	27.4	21.5	8.8	2.0	5.4	17.1
東北	100.0	27.0	36.2	6.5	13.6	4.8	4.8	7.1
北陸	100.0	32.7	12.0	20.7	10.7	4.7	7.3	12.0
関東・東山	100.0	21.1	25.2	15.3	14.0	11.1	3.7	9.5
東海	100.0	6.3	17.7	14.1	14.1	3.4	13.3	31.1
近畿	100.0	10.4	33.1	10.6	19.3	7.9	7.9	11.0
中国	100.0	11.4	29.3	22.9	11.7	7.3	9.7	7.6
四国	100.0	14.9	25.7	6.9	15.8	5.9	17.8	12.9
九州	100.0	19.8	38.9	3.3	15.4	5.1	7.7	9.9
沖縄	100.0	15.0	10.0	10.0	10.0	15.0	10.0	30.0

資料：表 6-1 に同じ。

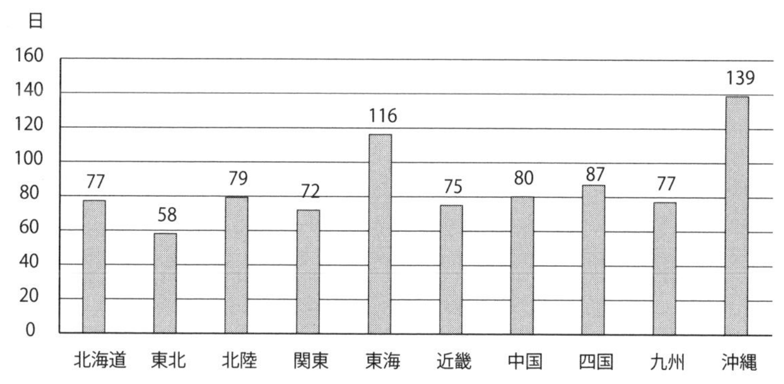

図6-3　地域別にみた観光農園の１農業経営体当たり営業日数

資料：表6-1に同じ。

全国の他地域と比較しても群を抜いて多いことがわかる。

3．新型コロナ禍による沖縄県内の観光農園への影響とその対応

1）調査対象観光農園の実態

ヒアリング調査を実施したＡ～Ｒの18農園のうちＡのみ生産組合が運営しており、その他はいずれも個別経営体の運営となっている。これら18農園における観光農園事業の運営状況についてみたものが**表6-4**である。これによ

表 6-4　調査対象観光農園における観光農園事業の運営状況

（単位：年、人、円）

農園名	事業開始年次	所在地域	従業員数	取扱品目	事業内容			入園・体験料金	
					体験		鑑賞	大人	小人
					収穫	加工			
A	1990	北部	5	柑橘類	○			300	200
B	2001	宮古	18	熱帯果樹・花木			○	360	360
C	2004	南部	1	カンショ・バレイショ	○			500	500
D	2006	北部	6	イチゴ	○			1,500	1,000
E	2007	中部	3	イチゴ	○			1,900	1,700
F	2007	石垣	3	サトウキビ・野菜等	○	○		2,500	2,500
G	2011	北部	1	イチゴ	○			1,500	1,000
H	2015	北部	2	イチゴ	○			1,500	1,000
I	2016	北部	4	イチゴ	○			1,500	1,000
J	2017	南部	35	イチゴ	○			2,000	1,400
K	2017	宮古	9	サトウキビ・バナナ	○	○		4,500	4,500
L	2018	北部	1	イチゴ	○			1,500	1,000
M	2018	北部	0	イチゴ	○			1,500	1,000
N	2020	北部	3	イチゴ	○			1,500	1,000
O	2020	北部	0	イチゴ	○			1,500	1,000
P	2020	北部	1	イチゴ	○			1,500	1,000
Q	2020	北部	0	イチゴ	○			1,500	1,000
R	2020	北部	3	イチゴ	○			1,500	1,000

資料：ヒアリング調査より作成。
注：入園・体験料金は 2020 年度時点で、「大人」は中学生以上、「小人」は小学生の料金。

ると、事業開始時期はＡ農園のみが1990年と早く、その他はすべて2000年代以降であり、なかでも2015年以降に開園した観光農園が11農園に及ぶ。農園の所在地域をみると、離島地域は３農園にすぎず、沖縄本島内が15農園と多いが、なかでも北部地域が12農園に及んでおり、さらにそのうちのＤ、Ｇ、Ｈ、Ｉ、Ｌ～Ｒの11農園が同じ宜野座村内のイチゴ狩り農園である1)。

事業内容をみると、体験ができる17農園のうち13農園がイチゴ狩りを実施しており、２農園がサトウキビ等の収穫体験、１組合がミカン狩り、１農園がイモ掘りを行っている。さらに、そのうちサトウキビの収穫体験等を行うＦ・Ｋの２農園では加工体験も行っている。大人１人当たりの入園または体験料金をみると、Ａ組合とＢ農園では300円台、Ｃ農園では持ち帰り２kgを含めて500円と安価である。また、イチゴ狩りができる13農園ではいずれも大人１人当たり2,000円以内で体験できる料金設定となっている。

つぎに、**表6-5**より観光農園事業以外の運営状況についてみると、18農園

表 6-5　調査対象観光農園における観光農園事業以外の運営状況

農園名	所在地域	持ち帰り	直売所		加工品製造	通信販売	飲食店	その他
			農産物	加工品				
A	北部	○	○	○	○	○	○	
B	宮古		○	○	○	○	○	
C	南部	○						
D	北部	○			○			
E	中部				○		○	養鶏
F	石垣				○	○		民泊
G	北部							
H	北部	○						
I	北部	○						
J	南部	○			○	○	○	
K	宮古				○	○		
L	北部	○						
M	北部							
N	北部	○			○		○	
O	北部							
P	北部							
Q	北部							
R	北部							

資料：表 6-4 に同じ。

のうち農産物の持ち帰りができるのは８農園である。さらに、直売所を併設するＡ組合とＢ農園では農産物や加工品の販売を行っている。また、加工品の製造を行う８農園のうち５農園がパーラーやカフェを併設しており、いずれもスイーツやドリンク、軽食等を通年で提供している。通信販売を行う５農園では主に宅配やカタログ販売、インターネット販売をしている。その他の事業としてはＥ農園で養鶏事業、Ｆ農園では民泊事業を兼営している。

２）新型コロナ禍による観光農園への影響

2018年度（2019年３月）以前に開園した観光農園（Ａ～Ｍ農園）を対象として2019年度と2020年度における各農園の来園者数と経営全体の売上金額の増減率との関係を示したものが**図6-4**である。新型コロナ禍のもとで、休業または休園を強いられたことなどから、来園者数、経営全体の売上金額ともに減少した農園が多くみられる。

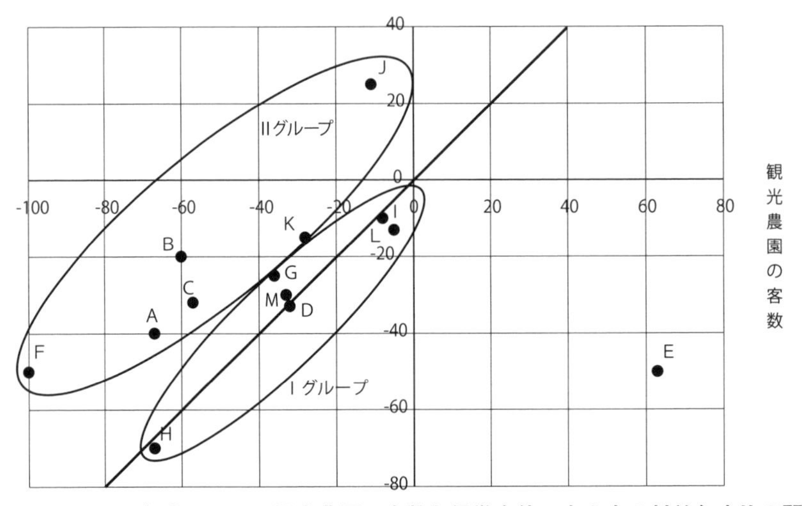

図6-4　2020年度における観光農園の客数と経営全体の売上高の対前年度比の関係
資料：表6-4に同じ。

来園者についてみると、団体客が多かったＡ組合やＢ・Ｃ・Ｈ農園では新型コロナ禍で予約のキャンセルが相次いだことから、６割前後またはそれ以上も減少している。加えて、Ｈ農園では経営全体の売上金額も約７割減少しており、その影響が最も顕著である。一方、Ａ組合では組合全体の減収を約４割に抑えられており、Ｂ農園では経営全体の売上金額は２割減にとどまっている。さらに、Ｆ農園では新型コロナ禍で2020年度は完全休業をしたため、来園者数は０となっているが、売上金額は約５割の減少に抑えられている。Ｉ・Ｊ・Ｌ農園では来園者数の減少率が１割前後にとどまっており、経営全体の売上高もＩ・Ｌ農園では同程度減少しているが、Ｊ農園では25％も増加している。これに対して、Ｅ農園では観光農園の規模拡大を図り、受入可能人数が増えたことによって来園者数が大幅に増加しているが、経営全体の売上金額は半減している。

これらを整理すると、観光農園の客数の対前年度比と売上金額のそれとがほぼ正比例の直線上にある農園のグループであるＩグループ（Ｄ·Ｇ·Ｈ·Ｉ·

Ｌ・Ｍの６農園）、正比例の直線よりも左側にある農園のグループであるⅡグループ（Ａ・Ｂ・Ｃ・Ｆ・Ｊ・Ｋの６農園）、正比例の直線よりも右側にある１農園（Ｅ農園）の３つに大別できる。直線の右側にあるＥ農園は１～５月に開園するイチゴ狩りのほか、平飼いの養鶏事業を経営しているが、新型コロナ禍の影響により業務用需要者への鶏卵の販売が不振となり、売上が減少している。その一方で、Ⅱグループの６農園では観光農園における客数の減少率よりも経営全体の売上金額の減少率が小さいか売上金額を伸ばしているため、何らかの対応や事業を展開しているものと考えられる。また、Ⅰグループの６農園はすべてイチゴの収穫体験ができる沖縄本島北部の農園であるが、観光農園の客数、経営全体の売上金額の減少率には大きな差があることがわかる。

以下では、Ⅰグループのなかでも観光農園における客数の減少率が小さい２農園（Ｉ、Ｌ農園）とⅡグループの６農園における新型コロナ禍への対応や新たな取組についてみていくことにしたい。

３）観光農園の新型コロナ禍への対応と新たな取組

(1)　Ⅰグループのうち観光農園の客数減少率が小さい２農園の事例

Ｉ農園

Ｉ農園ではもともと観光農園の来園者は半数近くがインバウンドで占められていたが、客数、売上金額ともに大きな減少をみせなかった。その主な要因としては栽培技術の向上によって受入可能人数が増えたほか、県内の多くのリピーターが来園したことやマスメディアへの出演による宣伝効果などがあり、独自の集客方法を確立したためと考えられる。また、今後はインターネット販売を開始して生産したイチゴの付加価値を高める方針である。

Ｌ農園

Ｌ農園ではイチゴ狩りのほか、農産物の販売については直売のみを行っていたが、新型コロナ禍により客数の減少が予想されたことから、自ら飲食店や個人客のもとへイチゴを配達するサービスを開始するとともに、SNSを活用して園内の様子や予約の空き時間などを随時発信した。このような販売促進や集客につながる取組を行ったことで、観光農園の客数、経営全体の売上金額ともに大きな減少をみせなかった。

(2) Ⅱグループに属する6農園の事例

A組合

沖縄本島北部のA組合では10～3月にかけて沖縄特産の柑橘であるタンカンやカーブチーなどのミカン狩りをおよそ30年前から毎年開催しており、収穫した農産物は持ち帰ることができる（単価は300円/kg ～）。A組合が運営する直売所では地域内の農産物や菓子類、飲料等の加工品の販売を行うとともに、宅配を実施しており、さらにはミカン狩り体験の総合案内所の役割も果たしている。現在、110戸の農家がA組合に加盟しており、そのうち約11戸の農家が収穫体験を実施している。

A組合では2020年度には新型コロナ禍の影響により2019年度と比べて来園者数、体験料収入ともに7割近く減少したが、タンカンやカーブチー等の直売所での販売や宅配など生果での販売に力を入れることにより、組合全体の減収をある程度抑えることができた。

B農園

宮古島にあるB農園ではマンゴーをはじめとする熱帯果樹やブーゲンビリア、ハイビスカスなどの熱帯花木を通年で鑑賞できるが、観光農園はマンゴーの販売拡大につなげることを目的として開園している。園内には直売所のほかにパーラーを併設し、マンゴー等の熱帯果実を使用したスイーツや軽食等を通年で提供している。さらに、インターネット等を用いた通信販売も行っており、実際に来園できなくてもマンゴーをはじめとする熱帯果実やその加工品を購入することができる。同農園のマンゴーは非常に高品質で、リピーターが増えていることから、年々売上金額が伸びており、2019年度には１億円に達した。

宮古島は新型コロナ禍により観光客数が大幅に減少し、Ｂ農園では観光農園の客数が2020年度には前年対比６割も減少した。しかし、インターネット販売が好調となり、2019年度と比較してその販売額が２倍以上に及んだ。その要因として、宮古島を訪れることができないリピーター等がいわゆる「巣ごもり消費」としてインターネットを利用して注文したり、応援消費を行ったりしたことが大きいと考えられる。また、これとあわせて、SNSを活用したキャンペーン企画のPR効果による影響も無視できない。これはツイッターをフォローした人のなかから抽選で100人にマンゴー１kgをプレゼントするというもので、フォロワー数は企画を開始して２週間で３千人を超える反響があり、企画第２弾とあわせて約5,300人に及んだ。フォロワーからも「おいしい」などのツイートが相次ぎ、宣伝効果は大きかった（沖縄タイムス，2020）。このようなインターネット通販の大幅増加により、2020年度の経営全体の売上金額は前年度対比２割減にとどまっている。

Ｃ農園

沖縄本島南部にあるＣ農園では例年５～７haの畑でカンショ（主に紅イモ)、サトウキビ、バレイショ、島野菜であるカンダバー（カンショの茎、品種名「ぐしちゃんいい菜」）等の野菜を生産する一方、10～12月に紅イモ掘り、２～３月にジャガイモ掘りの体験を実施している。イモ掘り体験のメインは紅イモ掘りであり、2019年度には那覇市や浦添市、豊見城市内の幼稚園や保育園の園児を中心に７千人が訪れた。

しかし、2020年度には新型コロナ禍の影響により体験者数は３千人余に激減した。また、学校給食センターとサプリメントを製造するメーカーに出荷するカンダバーは学校の休校や分散登校によって学校給食センターへの出荷が大幅に減少した。その一方で、製糖工場に出荷するサトウキビや農協を通じて酒造メーカーなどに出荷するカンショ、直売所などへ出荷する野菜の販売に大きな影響がなかったことから、経営全体の売上金額は前年対比３割強の減少に抑えられた。

Ｆ農園

石垣島にあるＦ農園では多品目の農産物を栽培しており、サトウキビや島野菜などの収穫から加工体験といった郷土食体験を通年で開催している。例年、県外からの修学旅行生等の団体客が多く訪れている。さらに、観光農園では農産物や加工品を販売するほか、約５年前から民泊事業を始め、年々リピーターによる利用も増えている。

Ｆ農園では新型コロナの感染を防止するために、2020年度には観光農園、民泊ともに完全に休業したことから、これらの収入はまったくなかったが、農産物の出荷・販売業務に専念したため、経営全体の売上金額は前年度対比５割減に抑えられた。現在は新たな加工品の販売に向けた取組に力を入れており、さらに自宅でムーチー[2)]作り体験が楽しめるリモート体験ツアーの導入などを検討している。

Ｊ農園

沖縄本島南部にあるＪ農園は県内最大規模のイチゴ農園であり、12～５月にかけてイチゴ狩りを開催している。同農園は那覇市内からクルマで30分ほどの距離にあり、那覇空港からも比較的近いことから、県内客を中心としてインバウンドを含む県外からの観光客も多数訪れていた。また、高設栽培、バリアフリー対応の施設となっており、IT技術を生かした栽培に取り組んでいる。およそ750坪の大型ハウスが３棟並ぶ広大な敷地内には農園カフェも併設しており、イチゴパフェをはじめとするイチゴのスイーツを通年で提供している。

Ｊ農園ではインバウンドを含む県内外から来園者がみられたとはいえ、その大半が県内客であったこともあり、新型コロナ禍によりインバウンドや県外からの観光客が激減した後も週末には県内客で賑わいをみせていた。しかし、2020年４月の緊急事態宣言で収穫体験の中止を余儀なくされ、来園者数は前年度より11％減少した。そこで、同園では休園期間中、イチゴの廃棄削減のため、キッチンカーによる移動販売を開始した（琉球新報, 2021）。また、農園併設型の農園カフェの開設に加えて、豊見城市内の大型複合商業施設にイチゴスイーツ専門の常設店舗を出店するなど、さらなる事業拡大を図った。さらに、農産物や加工品のインターネット販売を始めるとともに、イチゴ狩りのシーズン前に新たな体験事業を始めるなどの取組を行った。その結果、2020年度には経営全体の売上金額を前年度対比で25％伸ばしている。

K農園

宮古島のK農園ではサトウキビと島バナナを有機栽培し、黒糖加工製品の製造を行うとともに、黒糖や島バナナスイーツ作りの体験事業を展開している。体験料金は大人１人当たり4,500円と比較的高い設定となっているが、これは体験料のほか、試食や土産、写真撮影サービス、体験パンフレット代などが料金に含まれているためである。体験者に生鮮サトウキビの美味しさを伝え、黒糖作りの伝統文化を守ることをモットーとして事業に取り組んでいる。

同農園では2020年４月以降、新型コロナ禍によって体験事業については予約のキャンセルが相次ぎ、同年４～６月の受入人数は20人にまで激減した。そこで、同年７月より体験キットを送付し、サトウキビの丸かじりや苗の植付、黒糖作りを自宅でリモート体験できるサービスを開始した。2020年の利用者は10組にとどまったが、多くのメディアでこの取組が取り上げられたことから、2021年には５月時点で80組にまで増加した。さらに、経営者自らが開催地を訪問してサトウキビの学習・収穫・加工体験を実施する出張型農体験サービスを新たに売り出した。2021年11月時点での申込はないが、大手旅行業者もモニターとして体験会に参加するようになるなど、今後に期待できる状況になりつつある。

製造した加工品の販売についてはこれまで実店舗のみで販売を行っていたが、応援消費を呼びかける通販サイトを活用してオンライン販売を行ったところ、好調な売れ行きを示した。新型コロナ禍によって現地体験の利用者は激減したが、オンラインによる体験サービスや加工品の販売により、2020年における経営全体の売上金額は15％減にとどまった（Ｋ農園の詳細については第６章のＣ法人を参照されたい）。

３）小括

まず、観光農園の客数と経営全体の売上金額の減少率がほぼ同程度であったⅠグループの観光農園のなかでも客数の減少率には大きな差があることがわかった。とくにこれまで団体客に依存していた農園では大幅な客数減少に見舞われたといえる。一方で、Ｉ農園のようにリピーターが多く定着しており、情報発信力が強い農園では新型コロナ禍でも影響は小さかった。また、同じく客数等の減少率が小さいＬ農園では配達サービスの開始といった販路開拓やSNSの運用に注力し、集客力を確保する取組を行っていた。

つぎに、経営全体の売上金額が上昇または観光農園の客数減少ほど低下しなかったⅡグループに属する観光農園のうち、Ａ組合やＦ農園では宅配や出荷・販売業務など観光農園事業以外での収入が安定していたため、大きな減収には至らなかった。また、これまでインバウンドを含めた県外客が多くを占めていたＢ農園では客数が大幅に減少したものの、インターネット販売部門で例年の２倍以上の売上があったことから、経営全体の売上金額は２割減に抑えられた。さらに、Ｊ・Ｋ農園では直営店舗の出店やリモート体験といった新たな体験の導入、インターネットによる通信販売などさまざまな取組を行い、売上金額の維持・向上を図っていた。

これらを踏まえて、観光農園経営のさらなる維持・発展のためには入園・体験料収入のみに依存せず、直売所やカフェ、オンラインショップの開設など経営の多角化・差別化を図っていくことが重要であると考えられる。

4．おわりに

本章ではわが国有数の観光地である沖縄県の観光農園を事例として、新型コロナ禍による観光農園の客数減少が観光農園経営に及ぼす影響とその対応について明らかにしてきた。

以上の結果を踏まえて考察すると、ウィズコロナ、アフターコロナの時代における観光農園の発展のために、今後取り組むべき課題として以下の３点が指摘できる。

第１に、販売チャネルを多様化させることである。新型コロナ禍で小売店等の店舗が営業自粛や営業時間の短縮を強いられたなか、とりわけ注目されたのがインターネットを活用した顧客への直接販売である。第１章でみたとおり新型コロナ禍で年齢を問わずECサイトの利用が増加していることから、いかにインターネット等を活用して直接販売できる形態を確立できるかが重要になると考えられる。また、ECサイトの集客を図るため、SNSの活用が欠かせなくなっていることやオンライン体験ツアーも注目すべき方法の１つであることから、今後はデジタル戦略を立てることが経営の存続や発展のために重要であるといえよう。

第２に、周年または長期間にわたって集客が可能な事業を展開することである。１つの品目で収穫体験を展開する観光農園では限られた時期にしか開園できないことが多いが、今後は長期間にわたって安定した収益が見込める体制づくりが重要である。たとえば、新型コロナ禍での取組として農園カフェや農家レストランの開設があるように、農園で採れた農産物やその加工品を提供していくことにより、観光農園としての価値を高めながら年間を通じた集客を図ることができるだけでなく、その地域で生産された農産物の消費拡大、農家の所得向上につなげることが可能となるであろう。

第３に、応援消費を行うリピーターの獲得である。農産物の価格や品質のみを判断基準として購入する顧客だけではなく、生産者や地域との関係を大切にする顧客を増やすべきであるといえる。さらに、リピーターを増やすことで口コミによる宣伝効果なども期待できると考えられる。

注

1）いずれもイチゴ生産組合に加盟している農園であるが、集客等は各農園で実施している。11農園では毎年12月頃から５月までイチゴ狩りが開催され、例年は県内外から多くの観光客が訪れている。道の駅に出荷を行う農園が多く、地産地消およびイチゴのブランド化を推進している。

2）月桃の葉で包んで蒸した餅（鬼餅）のこと。旧暦の12月８日には厄払いのために神仏に供え、子どもや家族の健康を祈願して食べる。また、この年中行事のことも「ムーチー」と呼ぶ。

参考文献

林琢也（2010）「入園料からみた観光農園経営の地域的特性―集客圏および所得との関わりから―」『観光科学研究』3：143-154
宮崎猛（1999）『グリーンツーリズムと日本の農村―環境保全による村づくり―』農林統計協会
溝尾良隆（1999）『観光を読む―地域振興への提言―』古今書院.
中山美恵子（1968）『観光地理研究』明玄書房
沖縄タイムス（2020）2020年８月30日付「SNSで企画大当たり　マンゴー贈りフォロワー増」
沖縄タイムス（2021）2021年３月24日付「キビ体験ツアーで苦戦　オンライン販売に活路」
琉球新報（2021）2021年１月１日付「コロナ禍の挑戦　反転へ工夫と挑戦」
山田耕生（2008）「日本の農山村地域における農村観光の変遷に関する一考察」『共栄大学研究論集』6：13-25

（芥川 舞衣・内藤 重之）

第7章

体験教育旅行を受け入れる農村への影響とその対応

1．はじめに

近年、過疎化、高齢化が進む農村において「農泊」が注目されるようになっている。農林水産省によると、農泊とは農山漁村地域に宿泊し、滞在中に豊かな地域資源を活用した食事や体験等を楽しむ「農山漁村滞在型旅行」のことである。地域資源を観光コンテンツとして活用し、インバウンドを含む国内外の観光客を農山漁村に呼び込み、地域の所得向上と活性化を図ることを目的としている。農泊のなかでも体験学習を取り入れた民泊によって修学旅行等の体験教育旅行を組織的に受け入れて所得の向上と地域活性化を図る取組が増えている。

しかし、新型コロナ禍により修学旅行の中止が相次ぎ、これらに取り組んできた農村では多大な影響を受けており、体験教育旅行の受入が盛んな沖縄県内ではそれがより顕著である。

そこで、本章では農泊をめぐる全国の状況および沖縄県内における体験教育旅行の受入状況について整理するとともに、離島農村の取組を事例として体験教育旅行を受け入れる民泊事業の実態と新型コロナ禍の影響について明らかにする。

なお、離島農村の取組事例については一般社団法人伊江島観光協会（以下、「伊江島観光協会」）と合同会社宮古島さるかの里（以下、「宮古島さるかの里」）を取り上げるが、断りのない限り、前者については内藤（2018）および2021年５月と12月に伊江島観光協会を対象として実施したヒアリング調査、後者については杉村・内藤（2019）および2021年５月と2022年４月に宮古島さるかの里を対象として実施したヒアリング調査によるものである。

2．農泊をめぐる全国の動向

1）国による農泊の推進

観光立国推進基本法が2006年12月に成立し、同法の規定に基づいて2007年6月に引き続き、2017年3月に「観光立国推進基本計画」が閣議決定された。この新たな計画において農泊ビジネスの現場実施体制の構築、農林漁業体験プログラム等の開発や古民家の改修等による魅力ある観光コンテンツの磨き上げへの支援を行うとともに、関係省庁と連携して、優良地域の国内外へのプロモーションの強化を図り、農山漁村滞在型旅行をビジネスとして実施できる体制を持った地域を2020年までに500地域創出することにより、「農泊」の推進による農山漁村の所得向上を実現することが明記された。また、2020年12月に閣議決定された第2期「まち・ひと・しごと創生総合戦略」や2021年12月に改訂された「農林水産業・地域の活力創造プラン」においても同様に、農泊が農山漁村の活性化施策として位置づけられている。

農林水産省は農泊を推進するため、農泊の運営主体となる地域協議会等に対してソフト・ハード両面から一体的に支援を行う「農山漁村振興交付金（農泊推進対策）」を直接採択事業として実施しており、その採択地域（農泊推進対策採択地域）数は2021年3月末現在、全国599地域となっている。都道府県別にみると、採択地域数が最も多いのは北海道で45地域あり、次いで新潟県と鹿児島県がそれぞれ23地域、熊本県が22地域と多いが、沖縄県は11地域となっている。

2）新型コロナ禍による農泊への影響

農林水産省農村振興局都市農村交流課「農泊をめぐる状況について」（2022年4月1日時点）によると、農泊地域における延べ宿泊数は2017年度には503万泊であったが、2019年度には589万泊に増加した。しかし、新型コロナ禍により2020年度には390万泊（前年度対比△199万泊、△33.8％）に減少している。

また、農泊推進対策採択地域において国が支援して整備した古民家は2017年度の16軒から2020年度には累計112軒へ約7.0倍に増加し、農家民宿の数も2017年度の3,175軒から2019年度には約1.2倍の3,715軒に増加したが、2020年度には2,544軒（前年度対比△1,171軒、△31.5％）に減少している。

３．体験教育旅行の概況と沖縄県における修学旅行の受入状況

１）体験教育旅行の概況

文部科学省によると、体験教育旅行とは「都市部に暮らす小中学生や高校生等が農山漁村での滞在を通じて、農山漁村での農林漁業、自然、生活文化等の各種体験学習が行えるような体験型の修学旅行など」を指す（藤田武弘, 2011）。

日本修学旅行協会（2009）によると、小学校では修学旅行における体験学習の実施率が1992年度の33.6％から2007年度には48.5％に高まった。その内容は陶芸・絵付け体験（体験学習全体の25.2％）や料理体験（同19.3％）、伝統工芸・ガラス細工・彫刻体験（同12.5％）が多く、農山漁村体験は7.2％にとどまるものの、その教育的効果が注目されるようになった。このようなことから、2008年度より農林水産省、文部科学省、総務省が連携して「子ども農山漁村交流プロジェクト」が実施されている。これは農山漁村での長期宿泊体験活動を推進するものであり、全国の小学５年生が宿泊体験活動を展開できるように、小学校における宿泊体験活動の取組の推進、農山漁村における宿泊体験の受入体制の整備、地方独自の取組への積極的な支援が行われている。

また、中学・高校でも修学旅行における体験学習の取組が盛んになっており、**表7-1**に示すとおり、その実施率は半数を超えている。体験学習の内容をみると、伝統工芸等のものづくり体験やスポーツ体験の割合が高いものの、近年では農山漁村体験の割合が高まっており、体験学習全体に占める割合は

表 7-1　修学旅行における体験学習の実施率と農山漁村民泊の割合

（単位：%）

		中学校			高校	
		2008年度	2014年度	2019年度	2014年度	2019年度
体験学習実施率		63.7	60.3	53.2	57.6	54.8
内容別構成比	伝統工芸等のものづくり体験	30.6	30.7	31.1	13.2	2.6
	スポーツ体験	15.0	16.2	16.3	40.8	62.5
	料理体験	16.2	11.5	11.3	8.6	2.0
	農山漁村体験	5.5	10.4	9.5	10.0	19.9
	自然体験	6.2	3.7	2.1	9.1	1.0
	その他	26.5	27.5	29.7	18.3	12.0
	計	100.0	100.0	100.0	100.0	100.0
総宿泊数に占める農山漁村民泊の割合		1.3	4.7	4.0	5.3	7.0

資料：日本修学旅行協会『データブック教育旅行年報』（各年版）より作成。

中学校では約１割、高校では２割程度になっている。また、宿泊形態をみると、依然としてホテルや旅館が大半を占めており、農山漁村民泊の割合は数％にすぎないが、その割合が高まりつつある点は注目される。なお、データがやや古いものの、沖縄観光コンベンションビューロー（2011）によると、沖縄県に修学旅行で訪れた学校の満足度が最も高かった項目は中学校、高校とも「民泊」であり、旅行業者に今後の修学旅行においてニーズが高まると考えられる体験プログラムについて尋ねた結果、最も指摘割合が高かったのが「民泊体験」であった。

一方、農山漁村民泊の受入側に着目すると、1990年代後半から大分県安心院町（現在は宇佐市）や長野県飯田市などが先駆的に取組を始め、2000年代以降、過疎化・高齢化が進む農村地域を中心として民泊に取り組む地域が増えているが、都道府県レベルでみると、最も多くの民泊体験を受け入れているのが沖縄県であるとみられる。

２）沖縄県における修学旅行の受入状況

沖縄県は中学・高校の修学旅行先としても人気が高く、**表7-2**に示すとおり過去５年間（2015～2019年）の平均をみると、全国の中学校の7.1％、高校の34.1％が修学旅行で沖縄県を訪れている。日本修学旅行協会（2020）よ

表 7-2　中学・高校における沖縄県への修学旅行実施状況

（単位：校、人、%）

		2015 年	2016 年	2017 年	2018 年	2019 年	2015-19 年平均
全国学校数	中学校	10,484	10,404	10,325	10,270	10,222	10,341
	高校	4,939	4,925	4,907	4,897	4,887	4,911
	計	15,423	15,329	15,232	15,167	15,109	15,252
沖縄県への修学旅行実施校数	中学校	749	759	715	741	727	738
	高校	1,678	1,707	1,689	1,669	1,620	1,673
	計	2,427	2,466	2,404	2,410	2,347	2,411
構成比	中学校	7.1	7.3	6.9	7.2	7.1	7.1
	高校	34.0	34.7	34.4	34.1	33.1	34.1
	計	15.7	16.1	15.8	15.9	15.5	15.8

資料：文部科学省「学校基本調査結果の概要」（各年版）および沖縄県「修学旅行入込状況調査の結果について」（各年版）より作成。

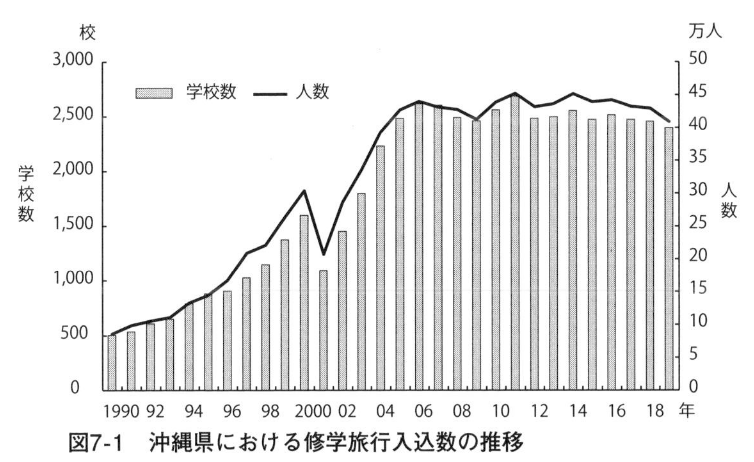

図7-1　沖縄県における修学旅行入込数の推移

資料：沖縄県観光商工部「修学旅行入込状況調査の結果について」（2019年版）より作成。

り2019年度における修学旅行の宿泊先をみると、沖縄県は中学校では京都府、東京都、千葉県に次ぐ第４位、高校では第１位となっている。

図7-1に示すとおり、沖縄県における修学旅行の入込数は2001年に米国で発生した同時多発テロの影響により一時的に落ち込んだものの、増加傾向で推移してきた。しかし、2000年代半ば以降、停滞傾向を示すようになっている。これは全国的に中学・高校数およびその生徒数が減少するなかで、従来の周遊型観光では修学旅行の誘客が限界となったことを示している。

表 7-3　沖縄県における民泊の概要

	民泊受入団体数（団体）	登録民家数（戸）	簡易宿所の営業許可取得または民泊新法による届出の割合（%）			
			計	簡易宿所	民泊新法	なし
本島北部	7	349	100	83	13	3
本島中部	4	261	100	80	15	5
本島南部	4	309	100	57	39	3
離島エリア	7	436	100	93	6	0
計	22	1,355	100	78	18	3

資料：沖縄観光コンベンションビューロー提供資料より作成。
注：2021 年 1～2 月に沖縄県内で民泊受入を行っている事業者 37 団体を対象に実施したアンケート調査結果（回答数 22 団体）。

このような状況のもとで、民泊による体験型の修学旅行を受け入れる取組が県内各地で活発になっている。沖縄県において最初に民泊に取り組んだのは東村観光推進協議会であり、1998年から修学旅行生の受入を行っている。その後、伊江村観光協会（現在は伊江島観光協会）が2003年に、読谷観光協会と宮古島市のぐすくベグリーンツーリズムさるかの会（現在は宮古島さるかの里）が2006年にそれぞれ取組を開始し、修学旅行生の受入によって地域活性化が図られた。これに触発されて民泊に取り組む地域が相次ぎ、現在では県内各地で民泊による修学旅行生の受入が行われている。

沖縄観光コンベンションビューローの調べによると、現在、沖縄県内において37団体が民泊の受入を行っており、そのうち34団体が教育旅行民泊を実施している。**表7-3**は沖縄県における民泊の取組状況についてみたものであるが、アンケートに回答した22団体の登録民家数は1,355戸にのぼり、そのうちの78%が簡易宿所の営業許可を取得していることから、その多くが農林漁家民宿の営業許可を取得した農林漁家であると考えられる。

4．修学旅行生を受け入れる沖縄県内の民泊事業への影響

新型コロナ禍により沖縄県における修学旅行の受入は激減した。**表7-4**によると、2020年度当初には少なくとも2,318校、41万6,050人の予約があったが、

表 7-4　沖縄県内の修学旅行受入に対する新型コロナ禍の影響

（単位：校、人）

実施時期		2020 年度当初予約数		実施数（4/13 時点）		実施数－予約数	
		学校数	人数	学校数	人数	学校数	人数
2020 年	4 月	222	24,920	0	0	△ 222	△ 24,920
	5 月	452	59,180	0	0	△ 452	△ 59,180
	6 月	220	33,683	0	0	△ 220	△ 33,683
	7 月	20	2,490	0	0	△ 20	△ 2,490
	8 月	1	38	0	0	△ 1	△ 38
	9 月	53	11,856	0	0	△ 53	△ 11,856
	10 月	334	72,715	16	2,968	△ 318	△ 69,747
	11 月	424	97,150	50	11,033	△ 374	△ 86,117
	12 月	344	66,064	50	9,679	△ 294	△ 56,385
2021 年	1 月	92	18,319	2	467	△ 90	△ 17,852
	2 月	92	17,151	1	128	△ 91	△ 17,023
	3 月	64	12,484	30	7,308	△ 34	△ 5,176
計		2,318	416,050	149	31,583	△ 2,169	△ 384,467

資料：表 7-3 に同じ。
注：2020 年 7 月、2021 年 4 月に沖縄修学旅行取扱旅行社 15 社を対象に実施したアンケート調査結果（回答数 10 社）。

表 7-5　沖縄県における民泊による修学旅行の受入状況

	学校数（校）		人数（人）		宿泊数（泊）	
	2019 年	2020 年	2019 年	2020 年	2019 年	2020 年
本島北部	438	20	51,169	2,282	65,965	3,451
本島中部	233	9	29,707	1,256	42,019	1,975
本島南部	206	9	32,050	1,348	43,406	2,406
離島エリア	434	46	61,380	5,737	89,178	7,628
計	1,311	84	174,306	10,623	240,568	15,460

資料および注：表 7-3 に同じ。

４～９月の予約はすべてキャンセルとなり、10月以降に延期した学校も含めてその後は一部受入を行ったものの、2020年度の受入校数は149校（当初予約の6.4%）、受入人数は３万1,583人（同7.6%）にとどまっている。

表7-5は沖縄県における民泊による修学旅行の受入状況をみたものであるが、2019年には1,311校、17万4,306人、24万568泊に及んでいた。しかし、2020年には84校（前年対比6.4%）、１万623人（同6.1%）、１万5,460泊（同6.4%）に激減している。これらは暦年の数値であり、2020年の数値には１～３月に受け入れた修学旅行も含まれているため、新型コロナ禍の影響はさ

らに深刻であると考えられる。そこでつぎに、沖縄県内でも最も多くの修学旅行生を民泊で受け入れている伊江村の伊江島観光協会民泊部会と農林漁家のみで民泊事業を実施している宮古島さるかの里を事例として詳しくみていくことにしたい。

5．伊江島観光協会の事例

1）伊江村の概況

伊江村は沖縄本島北部の本部半島から北西約９kmに位置する１島１村の村である。伊江島は東西8.4km、南北３km、面積22.8km^{2}の小さな島であり、本部港から伊江村営フェリーで30分の距離にある。北海岸は断崖絶壁の景勝地、南海岸はほとんどが砂浜であり、島の中央やや東に海抜172mの城山（ぐすくやま、通称「タッチュー」）がある。島の北西部には在日米軍の演習場があり、その面積は島全体の約35％に及ぶ。その一方で、耕地面積率が47.4％（全国平均11.4％、沖縄県平均16.2％）と高く、キク、葉タバコ、サトウキビの生産や肉用牛の飼養など農業が盛んな島としても有名である。

総務省「2020年国勢調査」によると、伊江村の世帯数は1,900世帯、総人口は4,118人である。伊江村には高校がなく、15歳以上のほとんどの村民が島外へ流出することもあり、高齢化率は34.6％に及んでいる。

農林水産省「2020年農林業センサス」によると、伊江村の総農家数は412戸であり、そのうち自給的農家は55戸（総農家数の13.3％）にすぎず、販売農家が357戸（同86.7％）を占めている。さらに、販売農家が大半を占める個人経営体の数は360であるが、そのうち主業経営体が205（同56.9％）、準主業経営体が31（8.6％）を占めており、主に農業収入によって生計を立てている農家が多い点を特徴としている。

伊江島には太平洋戦争中、東洋一の規模を誇る軍用の飛行場が建設されたことから激戦地となり、また戦後には米軍基地が置かれたこともあって、現在でも弾痕の残る公設質屋跡、芳魂之塔、ヌチドゥタカラの家、団結道場などの戦跡や史跡が数多く存在する。このことが修学旅行先として人気が高い要因の１つとなっている。

2）伊江島観光協会における民泊事業の取組と新型コロナ禍の影響

伊江村における民泊の取組経緯をみると、2003年に観光協会に対して旅行業者から民泊による修学旅行の受入について打診があり、当時の会長をはじめとする役員が親戚や知人に働きかけて受入民家を30戸ほど確保し、３校の受入を試験的に実施したことに始まる。この試験実施において島内への経済効果が大きいことがわかったため、観光協会が村長に事業化を提案したところ、村長、農協組合長、漁協組合長、商工会長、観光協会長の会談が実現し、意識統一が図られた。また、既存の民宿やホテル、ペンションの経営者からも合意が得られたことから、翌2004年より観光協会の正式な収益事業である「民家体験泊事業」（以下、「民泊事業」）として本格的に民泊の受入が実施されたのである。

民泊事業では数十人から数百人規模の修学旅行生を１戸当たり数人ずつ受け入れることから、多くの受入民家を確保する必要があるが、伊江島観光協会では民泊を実施する民家を民泊部会として組織しており、農家や漁家だけでなく、商店、飲食店、民宿など小売業やサービス業を営む民家を含む一般民家も参加している点が特徴である。民泊部会に登録している民家（民泊部会員）はピーク時には約160戸にまで増加したが、近年では高齢化や新型コロナ禍の影響により120戸に減少し、実際に民泊の受入を行っている民家は67戸にとどまっている。

民泊体験の対象者は県外中学・高校の修学旅行生を中心とした団体客であり、一般観光客は対象外としている。これは既存のホテルや民宿などの宿泊施設への配慮であり、引率の教員や旅行業者も対象外とする徹底ぶりである。１泊２日３食付きの基本料金（税別）は9,500円（観光協会・保険料1,300円、旅行業者1,000円、民家7,200円）であり、日帰り体験、２泊３日、２泊３日で民泊＋ホテル・民宿プランなども用意されている。

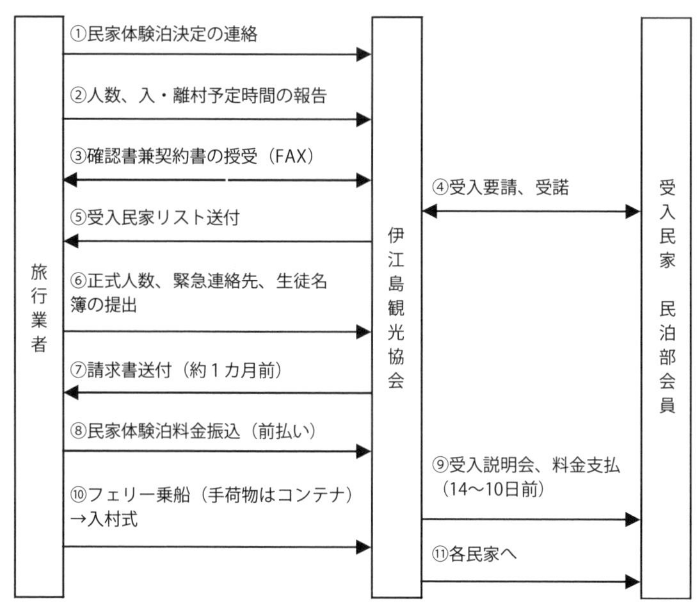

図7-2　伊江島観光協会における民泊受入のながれ

資料：内藤（2018）p.497より引用。

伊江島観光協会の民泊事業にかかわる業務は学校や旅行業者、民泊部会員に対する情報の受発信および連絡・調整、契約の締結、学校の要望や生徒の事情に応じた受入民家の調整、下見の案内、入村式・離村式の準備と運営、民泊受入期間中における緊急時の対応、代金決済などであり、受入組織として重要な役割を果たしている。**図7-2**は伊江島観光協会における民泊受入の流れについて示したものであるが、なかでも特筆すべき点は前払いによって修学旅行生を受け入れていることである。修学旅行の宿泊料金や体験料金は事後に支払われるのが慣例であり、前払いは前例がなかったため、当初、旅行業者からはかなり抵抗があった。しかし、民家が前もって食材を購入するためには観光協会としても民家に前払いをする必要があることから、観光協会が半ば強行して導入した経緯がある。この体験料金は受入の10日から２週間前に実施される受入説明会の際に支払われることから、受入民家は全戸が説明会に参加し、受け入れる修学旅行生の情報（食物・動物アレルギーや疾病の有無等）を把握できるとともに、受入に対する責任を再認識することができる。

また、民泊の最後には伊江港において離村式が行われるが、修学旅行生を見送った後には必ず反省会が行われ、民泊部会員の間に問題意識が共有される。

このように、伊江島観光協会では受入説明会や反省会などにおいて目的意識や問題意識の共有化を図っているが、その特徴は受入民家に対して次の４点を徹底していることである。

第１に、修学旅行生を家族同様に受け入れることである。これは修学旅行生に気兼ねなく、ありのままの伊江島の日常生活を体験してもらうことが主目的であるが、伊江島を第２の故郷と感じてもらい、将来のリピーターやＩターン者を養成するためでもある。このことは受入民家が見送りの際に「さようなら」ではなく、「いってらっしゃい」と声をかけていることに象徴されている。

第２に、ゆとりと真心をもって修学旅行生を受け入れることである。肉体的にも精神的にもゆとりがなければ、気持ちよく修学旅行生を受け入れることができないため、原則として水曜日と土曜日は民泊の迎え入れをしないことにしている。また、世帯員の病気やケガ、介護などで十分な受入ができない民家や農繁期の農家など主業が繁忙期の民家は一時的に受入を中止するようにしている。

第３に、事故のないように安全面に気をつけることである。民泊は「命を預かる」仕事であることを肝に銘じ、安全対策を徹底している。その一環として、観光協会が沖縄県食品衛生協会に要請して島内で食品衛生責任者養成講習会を開催し、受入民家の受講を義務づけている（中尾，2013)。また、診療所の医師を講師とするなどして救急蘇生法や危険生物など海で遊ぶ際の留意点に関する講習会や研修会などを開催している[1)]。

第４に、民泊をあくまでも副業と位置づけることである。民泊は「命を預かる」仕事であり、もし仮に重大な事故が起こったり、災害に見舞われたりした場合、民泊事業による収入が激減する恐れがある。そのため、農業などの家業を生業としながら、民泊事業はあくまでも副業と位置づけるようにしているのである。また、民泊事業が主業となると、金儲けが優先されるようになり、修学旅行生を家族同様に受け入れることができなくなる可能があることも副業と位置づける要因となっている。

このような観光協会のリーダーシップによって民泊部会に入会する民家が増加するとともに、民泊を実施した学校の教員間の口コミによって訪れる学校数も順調に増加し、2011年度には受入校数は176校、受入人数は約2.3万人、受入泊数は約2.8万泊に達した。その後は漸減傾向にあるものの、2019年度の受入校数は126校、受入人数は約1.6万人、受入泊数は約2.3万泊に及んでいた。しかし、新型コロナ禍により2020年３月の予約はすべてキャンセルとなり、2020年度の受入も10月に１校、２人、12月に３校、297人の計４校、299人にとどまっている（**表7-6**）。

表7-6　伊江島観光協会民泊部会における修学旅行の受入実績

（単位：校、人、泊）

	学校校数	人数	泊数
2003年度	3	317	
2004年度	14	1,458	
2005年度	32	3,118	
2006年度	75	9,968	
2007年度	109	15,030	18,294
2008年度	134	19,164	22,137
2009年度	153	21,849	26,486
2010年度	170	22,754	27,472
2011年度	176	23,133	28,742
2012年度	157	20,901	26,215
2013年度	145	21,237	27,454
2014年度	156	21,343	30,069
2015年度	161	21,513	28,627
2016年度	137	18,105	26,378
2017年度	130	18,147	24,310
2018年度	105	15,820	21,869
2019年度	126	15,719	22,907
2020年度	4	299	336

資料：伊江島観光協会提供資料より作成。

新型コロナ禍への対応として、伊江島観光協会では受入民家用と生徒・引率教員などの利用者用にそれぞれ「新型コロナウイルス感染症感染拡大予防ガイドライン」を作成し、配布するとともに、民泊実施2週間ほど前から実施後1週間程度の間、「実施前検温及び健康観察シート」に基づく体調の記録を奨励している。また、2020年5月には行政書士を講師とする「新型コロナウイルスに係る持続化給付金申請相談会」を開催し、民泊部会員による「持続化給付金」の申請を支援している[2)]。さらに、ウィズコロナ、アフターコロナを見据えて、各体験メニューをオンラインによって体験できる動画のほか、下見対応や事前学習ができる動画を作成している。

前述のとおり、伊江島観光協会では当初より民泊部会員に農業などの家業を大事にし、民泊事業をあくまでも副業と位置づけるように指導しており、現在でもそれを実践する部会員が大半を占めるものの、就業機会が限られている小規模離島では民泊は重要な収入源になっている。伊江村内には伊江島観光協会から分かれて設立された民間の民泊受入組織があり、伊江島観光協会と同程度の修学旅行生を受け入れているが、藤本・内藤（2013）によると、伊江村全体の民泊事業による経済効果は2010年には生産額ベースで約8億円、所得ベースで約5億円と推定されている。村営フェリーの運賃収入や民泊受入民家による食材等の購入減少に伴う島内商店への影響も含めて、新型コロナ禍による地域経済への影響はきわめて大きい。

6．宮古島さるかの里の事例

1）宮古島市の概況

2005年に平良市と城辺町、上野村、伊良部町、下地町が合併して誕生した宮古島市は、宮古島、池間島、来間島、伊良部島、下地島、大神島の6島から構成されている。総土地面積は204km^{2}で、そのうち耕地面積が106km^{2}を占めており、耕地面積率は伊江村を上回る51.9％に及んでいる。宮古島市の中心をなす宮古島は沖縄本島から南西約300kmに位置しており、沖縄県内では4番目に大きな島であるが、島全体が概ね平坦である。宮古島市は“宮古ブルー”と呼ばれる青色の海に囲まれた自然が魅力であり、2015年1月に伊良部大橋が開通し、国内観光客が大幅に増えただけでなく、同年からクルーズ船の寄港回数が増加したことにより、外国人観光客が急増し、2019年3月のみやこ下地島空港ターミナルの開業などもあって、2019年度の観光客数は106万人に達した。

総務省「2020年国勢調査」によると、宮古島市の世帯数は2万4,235世帯、総人口は5万2,931人であり、市街地である平良地区に人口が集中する傾向がある一方、城辺地区などの農村部の人口は減少傾向にある。

産業については近年、観光客の入込数が急増していることを背景として観光業が活気づいており、第3次産業が中心となっているものの、依然として農業も重要な役割を果たしている。

農林水産省「2020年農林業センサス」によると、宮古島市の総農家数は3,803戸であり、そのうち自給的農家は274戸（総農家数の7.2％）にすぎず、販売農家が3,529戸（同92.8％）を占めている。さらに、個人経営体数は3,483であるが、そのうち主業経営体が862（同24.7％）、準主業経営体が504（14.5％）を占めている。

宮古島市では平坦な地形を活かした比較的大規模なサトウキビ作をはじめ、肉用牛、葉タバコ、マンゴーの生産が盛んであり、本土の端境期をねらった冬春季出荷用としてのゴーヤー（ニガウリ）、カボチャなどの野菜生産も増加している。

大きな川がない宮古島では天水に依存する、いわゆる「水なし農業」が長く続き、しばしば大干ばつに見舞われてきたが、伊江島と同様に、国営かんがい排水事業が継続的に実施され、地下ダムの建設など農業用水が安定的に供給できる環境の整備が進められている。

2）宮古島さるかの里における民泊事業の取組と新型コロナ禍の影響

農村部の人口が減少するなかで、旧城辺町は2004年度にふるさとづくり支援講習会を実施した。この講習会は農家民宿の基礎講座、体験・交流プログラムの作成、農泊の先進地である大分県の安心院町グリーンツーリズム研究会の視察などを内容としており、この講習会を受講した農家が中心となって10人で2005年４月にぐすくベグリーンツーリズム研究会を設立した。設立当初は日帰りの農作業体験などの受入を行っていたが、各種の講座へ参加して農泊の基礎を学び、2006年から民泊の受入を始めた。

同研究会はその後、会員農家を増やしつつ、2008年には法人格を取得し、ぐすくベグリーンツーリズムさるかの会合同会社を設立した。さらに、2013年には同社を母体として、合同会社宮古島さるかの里を新たに設立し、今日に至っている。

沖縄県内で体験教育旅行を受け入れる民泊組織は多くの場合、農村地域にあっても農林漁家のみではなく、一般世帯等も会員になっている場合が多いが、宮古島さるかの里は会員を農林漁家に限定している点が特徴である。

また、2010年には補助事業を活用し、組織として宿泊施設２棟、体験施設４棟を設置するなど、施設の整備も進め、2011年度には9,657人を受け入れるまでに成長した。しかし、公立の中学・高校では修学旅行料金の上限を決めているところが多く、沖縄本島と比べて旅費が割高となる宮古島では航空運賃の安い10～２月にこれらの受入が集中することになる。しかも、高温多湿かつ台風常襲地帯である宮古島ではちょうどこの時期が農繁期となっており、集中的に民泊の受入を行うことは高齢化した農家には負担となっていた。そのため、宮古島さるかの里では会員農家の高齢化が進むにつれて、修学旅行の受入を制限せざるを得なくなり、「沖縄県離島体験交流促進事業」や「離島観光・交流促進事業」などを活用して小学生や一般観光客の受入拡大を目指した取組を行ってきた。これらの取組をさらに進めるために、「農山漁村振興交付金」の「農泊推進対策」を活用して2017年度には琉球大学農業経済学研究室などと連携し、「大人の農泊」の受入拡大のための調査研究を進めるとともに、2018年度からはインバウンド対策の事業を実施した。これらの取組によって国内の一般観光客の受入拡大だけでなく、外国人観光客の受入を図るための体制が整備され、これらの受入に前向きになった会員が増えたが、その矢先に新型コロナ禍に見舞われた。

宮古島さるかの里の民泊による修学旅行の受入実績は2019年度まで年間約20～25校、5千人以上であったが、新型コロナ禍によって海外から国内に修学旅行先を変更する高校が増え、2020年度と2021年度にはいずれも30校を超える予約があった。しかし、実際の受入は2020年度には皆無となり、2021年度も11月と1月にそれぞれ長野県と東京都の高校を1校ずつ、計230人の生徒を受け入れただけにとどまっている。しかも、2019年には102人を数えた会員の多くが退会や休会し、28人にまで減少した。新型コロナの感染リスクを恐れる高齢農家だけでなく、感染リスクの高い若者の民泊受入を息子や娘に反対されたり、長引く新型コロナ禍のもとでモチベーションが下がったりした農家が退会や休会したのである。そのため、2021年11月に長野県の高校生200人を受け入れた際には、会員だけでは対応できず、新型コロナ禍により2020年度から民泊の受入を休止した宮古島観光協会のもとでこれまで民泊に取り組んできた伊良部島と池間島の農家にも応援を仰いで対応せざるを得なかった。

宮古島さるかの里では2022年3月に毎年恒例の全体会（説明会）を開催したが、その際に多くの会員から民泊よる修学旅行生等の受入が所得の確保だけでなく、生きがいにもつながっており、新型コロナの感染拡大対策を徹底しながら、多くの若者を受け入れたいとの声が聞かれたという。新型コロナ禍によって民泊事業の意義を再認識した農家が多いものとみられる。

宮古島さるかの里では2022年度も20校以上から民泊の予約が入っているが、その多くの学校は生徒数が240～280人に及んでおり、現在の会員数では対応が困難となっている。ウィズコロナ、アフターコロナを見据え、新規会員の獲得とあわせて、他の民泊受入組織と連携して大規模校の修学旅行を受け入れる体制を再構築する必要性に迫られている。

7．おわりに

民泊事業は受入民家における収入の増加、楽しみや生きがいの創出だけでなく、地域内の農水産業や商業、宿泊業などにも経済効果が波及する。また、多くの若者が訪れるとともに、受入民家同士の交流なども深まることから、過疎化・高齢化の進んだ地域の活性化にも大いに役立つ。さらに、民泊を体験した若者の農業・農村に対する理解の醸成になるだけでなく、リピーターやＩターン者の獲得につながる可能性もある。しかも、農村地域では比較的大きな家屋が多く、初期投資もあまり必要ないことから、子育ての終わった中高年の世帯などが取り組みやすい。体験教育旅行を受け入れるためには、事業を運営する受入組織とある程度の数の受入民家を確保する必要があるが、民泊事業は農村地域においては比較的取り組みやすく、効果も大きい事業であることから、多くの農村地域で取り組まれるようになっている。このような状況のもとで、国や地方自治体も国内の一般観光客やインバウンドを含めて農泊を推進するための事業を展開してきた。

しかし、今回の新型コロナ禍は農村地域における中高年層の世帯が中心となって取り組んできた民泊事業に大きな打撃を与え、組織や会員の収入だけでなく、楽しみや生きがいも奪い、とくに多くの体験教育旅行を受け入れてきた農村地域に多大な経済的・社会的影響を及ぼしている。しかも、全国的に先行して取組を開始した民泊受入組織では農家を中心とする受入会員の高齢化が進み、問題となりつつあったが、これを機に民泊の受入をやめる高齢の会員が増加している。その結果、大規模校の受入が困難になる組織もみられ、これらの組織ではウィズコロナ、アフターコロナに向けて新規会員の獲得と組織の再編整備が課題となっている。

注

1）このように、伊江島観光協会では民泊部会員に対して安全対策を徹底しているが、万が一の場合に備え、保険会社へ要請して民泊事業に合った特約保険商品を開発してもらい、それに加入している。

2）新型コロナウイルスに係る持続化給付金申請相談会への参加者は33名であった。

参考文献

藤本高志・内藤重之（2013）「離島地域における民泊体験型観光の特徴と地域内経済効果―沖縄県伊江村を事例として―」『大阪経大論集』64（1）：73-92

藤田武弘（2011）「体験教育旅行を通じた都市・農村交流」橋本卓爾・山田良治・藤田武弘・大西敏夫編著『都市と農村―交流から協働へ―』日本経済評論社、180-198

内藤重之（2018）「体験教育旅行の受け入れによる農村の６次産業化―沖縄県伊江島を事例として―」戦後日本の食料・農業・農村編集委員会編『食料・農業・農村の六次産業化』農林統計協会、491-508

中尾誠二（2013）「離島丸ごと田舎生活体験」鈴村源太郎編著『農山漁村宿泊体験で子どもが変わる地域が変わる』農林統計協会、49-62

日本修学旅行協会（2009）『教育旅行白書 2009年版』

日本修学旅行協会（2020）『データブック2020 教育旅行年報』

沖縄観光コンベンションビューロー（2011）『平成22年度沖縄修学旅行動向調査報告書』

杉村泰彦・内藤重之（2019）「島嶼地域の内発的発展における都市農村交流の意義」池上大祐・杉村泰彦・藤田陽子・本村真編著『島嶼地域科学という挑戦』ボーダーインク、67-81

（内藤 重之）

第8章

農産物直売所への影響とその対応

1．はじめに

農産物直売所は全国各地に設置されるようになっており、現在の開設数は２万3,000カ所以上に及ぶ。農家の多様化や青果物の広域大量流通が進むなかで、農産物直売所は兼業農家や高齢農家など少量生産農家の出荷先、規格外品の販路確保、高齢者や女性の農家・農業経営内での地位向上などの役割だけでなく、地産地消や都市農村交流の拠点としての役割も果たしている。

沖縄県においても農産物直売所は地域ならではの食材を供給する場としてだけでなく、生産者と消費者との交流の場としての役割や観光との連携による地域活性化など重要な役割を果たしている。

ところで、全国農産物直売ネットワーク・都市農山漁村交流活性化機構（2021）によると、新型コロナ禍のもとで、観光地に立地する農産物直売所の多くが売上の減少に見舞われている。そのため、観光需要の大きな沖縄県にある農産物直売所は新型コロナ禍の影響を大きく受けている可能性がある。

そこで、本章では沖縄県内において開設されているJAファーマーズマーケットを対象として、新型コロナ禍による農産物直売所への影響とその対応について明らかにする。

研究方法としては、JAおきなわファーマーズ統括班および2019年１月以前に開店し、現在も営業する沖縄県内のすべてのJAファーマーズマーケット（10店舗）に対して2021年10～11月にヒアリング調査を実施した[1)]。

2．農産物直売所の概要

1）全国における農産物直売所の概要

農産物直売所は1970年代に無人市あるいは定期市として開催され始め、近年における食の安全・安心志向の高まりを受けて、生産者の「顔がみえる」流通を実現するものとして全国的に成長を遂げている（藤井・藤田，2018）。1970年代から1980年代にかけては都市近郊を中心に発達したが、1990年代に入るとJAや建設省（現国土交通省）の認可による道の駅が農産物直売所の開設・運営に本格参入したことにより、農産物直売所数は大きく増加した。また、地産地消運動や都市農村交流の推進などにより、中山間地域や滞在型施設に付帯する農産物直売所の開設も増えた（大浦，2010）。

農林水産省「６次産業化総合調査」では、農産物直売所を「農業経営体または農協等が自ら生産した農産物（構成員が生産した農産物や農産物加工品を含む）を定期的に不特定の消費者に直接対面販売をするために開設した施設や場所および農業経営体から委託を受けた農産物または農産加工品を販売するため開設した施設や場所をいう。なお、果実等の季節性が高い農産物を販売するため、期間を限定して開設されたものを含み、無人販売所、移動販売およびインターネットのみによる販売は除く」と定義している。

図8-1は全国における農産物直売所の事業体数と年間販売金額の推移を示したものである。事業体数については2010年度に約２万2,000であったが、2011年度以降は２万3,000強で推移している。2010年度に8,176億円であった年間販売金額は、2011年度には7,923億円にいったん低下したものの、それ以降は堅調に推移し、2017年度には１兆790億円に達した。しかし、近年では頭打ちとなっており、2019年度には１兆530億円である。森下（2013）は2000年以降発展してきた農産物直売所が2009年頃を境に大規模直売所を中心に後退がみられ、その要因として大規模直売所間やスーパーとで品揃えが類似化したことやスーパーの低価格戦略等により競争が激化したことを指摘し

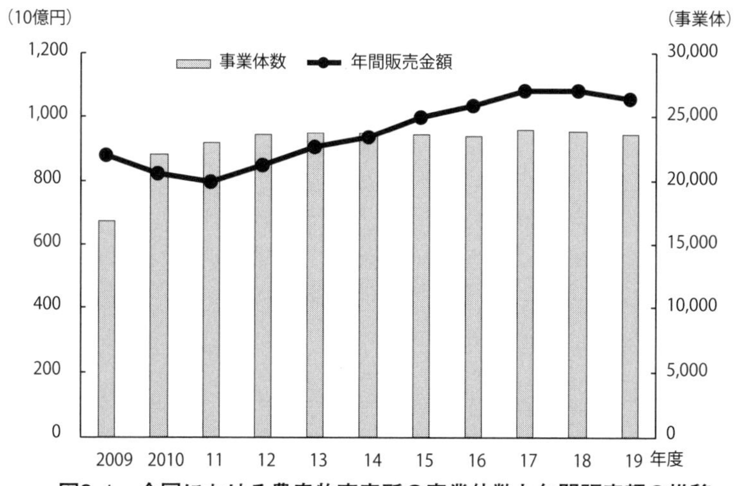

図8-1　全国における農産物直売所の事業体数と年間販売額の推移

資料：農林水産省「６次産業化総合調査」（各年度版）より作成。

ている。2005年に閣議決定された「食料・農業・農村基本計画」において地産地消は食料自給率向上に向けて重点的に取り組むべき事項とされ、農産物直売所はその中核として位置づけられた。また、2005年６月に成立した食育基本法に基づき、2006年に決定された「食育推進計画」においても地産地消の核となる農産物直売所の整備が位置づけられ、2010年には６次産業化・地産地消法が公布された。このような社会情勢のなか、近年ではPOS（Point of Sales：販売時点情報管理）レジスターの導入による販売管理の強化やイートインコーナーの設置、レストラン・カフェの併設など、生産者との交流や食育等の農業体験活動を展開している農産物直売所も増えている（大浦, 2010）。

従来、共同販売（共販）により広域大量流通の一翼を担ってきた農協系統組織も2000年開催の第22回JA全国大会においてファーマーズマーケット等を通じて地産地消の取組を強化することを決議した。また、2003年開催の第23回JA全国大会においてファーマーズマーケットを地産地消推進の拠点と

表 8-1　農産物直売所における運営主体別事業体数と年間販売金額および売場面積

	事業体数（事業体）	年間販売総額（百万円）	1事業体当たり年間販売金額（万円）	常設施設を使用	
				事業体数（事業体）	1事業体当たり売場面積（㎡）
計	23,650	1,053,366	4,453	22,030	121
農業経営体	13,520	175,413	1,298	12,720	66
農家（個人）	11,090	56,495	510	10,410	55
農家（法人）	730	25,816	3,556	720	95
会社等	1,710	93,102	5,461	1,600	127
農協等	10,140	877,953	8,660	9,320	195
農協	2,200	361,791	16,483	2,110	257
その他	7,940	516,162	6,498	7,200	177

資料：農林水産省「6次産業化総合調査」（2019年度版）より作成。

して位置づけ、2006年までに全農協の8割に設置することを方針化した。さらに、2006年開催の第24回JA全国大会においてJAファーマーズマーケット憲章に基づきファーマーズマーケットを地産地消の拠点として位置づけて地域経済の発展に貢献することを決議し、2009年開催の第25回JA全国大会において地域でJAファーマーズマーケットを中心とした地産地消運動を展開することを決議した。第26回大会以降もJAファーマーズマーケットを農業者と消費者とを結ぶ販売拠点として位置づけている。

表8-1は全国における農産物直売所の運営主体別の事業体数と年間販売金額および売場面積についてみたものである。農協が直接運営する農産物直売所であるJAファーマーズマーケットの事業体数は2,200で全体の約9％にすぎないが、年間販売金額は3,618億円で約34％を占めており、1事業体当たりの年間販売金額は1億6,483万円と他に比べて圧倒的に高い。また、1事業体当たりの売場面積も257㎡と他と比べて大きい。これらのことから、JAファーマーズマーケットは大規模な施設が多いことがわかる。

2）沖縄県における農産物直売所の概要

沖縄県農林水産部流通政策課販売戦略班（2014）によると、沖縄県内の農産物直売所は2012年度で92カ所となっており、その内訳は①道の駅併設タイ

表 8-2　沖縄県における農産物直売所の運営主体別事業体数と年間販売金額

運営主体	事業体数（事業体）	年間販売金額	
		総額（億円）	１事業体当たり（万円）
地方公共団体	1	…	…
第３セクター	2	x	x
農協	11	88	79,904
農協協（女性部、青年部）	3	x	x
生産者または生産者グループ	50	6	1,167
その他	18	6	3,321
計	85	106	12,561

資料：農林水産省「地産地消等実態調査」（2009 年度版）より作成。

プが約５％、②JAファーマーズマーケットが約13％、③農協・漁協が運営するタイプが約22％、④第３セクターが開設するタイプが約５％、⑤法人化した組織が運営するタイプが約22％、⑥地域の生産者有志が共同で開設するタイプが約30％、⑦その他が約３％となっている。また、農産物直売所の立地は北部地域が30カ所、中部地域が18カ所、南部地域が22カ所、離島地域が22カ所となっており、広範に分布している。一定の規模を有する農産物直売所が最初に開設されたのは1994年と比較的遅く、道の駅併設タイプの施設である。

農林水産省「令和元年度６次産業化総合調査」によると、沖縄県における農産物直売所の事業体数は120であるが、その年間販売金額は129億７千万円にのぼり、１事業体当たりの年間販売金額は全国平均（4,453万円）の２倍以上に及ぶ１億991万円となっており、沖縄県の農産物直売所は規模が大きいことが特徴として挙げられる。

表8-2は2009年度とデータがやや古いものの、沖縄県内における農産物直売所の運営主体別事業体数と年間販売金額を示している。運営主体が地方公共団体、第３セクター、農協（女性部、青年部）の農産物直売所については年間販売金額が不明であるが、農協が運営する農産物直売所は年間販売金額が全体の約８割を占めており、１事業体当たりでみても非常に大きいことがわかる。

農産物直売所にはスーパー等では入手しにくい沖縄の伝統的農産物（以下、「島野菜」）が並ぶのも魅力の１つである。島野菜等の活用方法を伝承する橋渡しを農産物直売所が拠点となって継続していくことで、沖縄食材の普及拡大や農産物直売所の魅力づくりにつながり、地域の再生や活性化が期待できる（沖縄県農林水産部流通政策課販売戦略班，2014）。

3．全国における農産物直売所の新型コロナ禍による影響

ここでは全国農産物直売ネットワーク・都市農山漁村交流活性化機構が全国の農産物直売所を対象として実施した「コロナ禍の農産物直売所の実態に関するアンケート調査」[2)]の結果報告である全国農産物直売ネットワーク・都市農山漁村交流活性化機構（2021）に基づいて全国における農産物直売所の新型コロナ禍による影響についてみていくことにしたい。

図8-2は農産物直売所における2020年度の売上金額を前年度のそれと比較した状況を示したものである。これによると、事業全体では４割以上、直売部門に限ると６割近くの農産物直売所において前年度よりも売上が増加している。しかしその一方で、売上が減少した農産物直売所は事業全体では半数近く、直売部門でも約４割ある。これらのことから、どの農産物直売所も新型コロナ禍による影響を一様に受けているわけではないことがわかる。

表8-3は農産物直売所の直売部門における立地別・運営主体別・売上規模別にみた2020年度の売上高を前年度のそれと比較した状況を示している。立

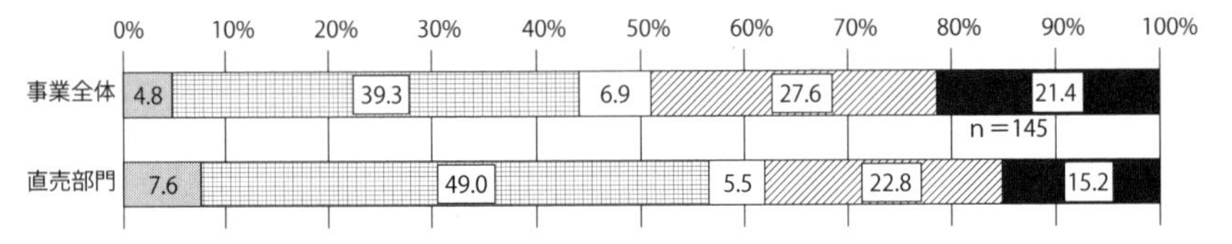

図8-2　農産物直売所における2020年度の前年度対比売上額の状況

資料：全国農産物直売ネットワーク・都市農山漁村交流活性化機構（2021）より作成。
注：「前年度より増えた（減った）」は２割以上増えた（減った）ことを示す。

表8-3　農産物直売所の直売部門における2020年度の前年度対比売上額の状況

（単位：件、%）

		実数	構成比					
			計	増えた	やや増えた	ほぼ同じ	やや減った	減った
立地	都市部	6	100.0	0.0	33.3	33.3	0.0	33.3
	都市近郊	29	100.0	6.9	62.1	10.3	13.8	6.9
	農山漁村地域	51	100.0	2.0	41.2	9.8	27.5	19.6
	観光地	13	100.0	0.0	30.8	0.0	46.2	23.1
	中山間地域	42	100.0	7.1	28.6	0.0	38.1	26.2
	その他	4	100.0	25.0	25.0	0.0	0.0	50.0
	計	145	100.0	4.8	40.0	6.9	27.6	20.7
運営主体	公社・第３セクター	36	100.0	5.6	33.3	2.8	38.9	19.4
	民間企業	29	100.0	17.2	41.4	10.3	13.8	17.2
	農協・漁協	25	100.0	8.0	84.0	4.0	4.0	0.0
	生産者主体の法人組織	24	100.0	4.2	54.2	0.0	29.2	8.3
	生産者主体の任意組織	20	100.0	5.0	30.0	10.0	20.0	35.0
	NPO法人・社会福祉法人等	4	100.0	0.0	75.0	0.0	0.0	25.0
	その他	7	100.0	0.0	57.1	14.3	42.9	14.3
	計	145	100.0	7.6	49.0	5.5	22.8	15.2
売上規模	５億円以上	28	100.0	10.7	60.7	3.6	17.9	7.1
	１～５億円未満	67	100.0	6.0	58.2	4.5	25.4	6.0
	５千万～１億円未満	18	100.0	0.0	38.9	11.1	33.3	16.7
	１千万～５千万円未満	21	100.0	14.3	38.1	4.8	14.3	28.6
	１千万円未満	11	100.0	9.1	0.0	9.1	18.2	63.6
	計	145	100.0	7.6	49.0	5.5	22.8	15.2

資料および注：図8-2に同じ。

地別にみると、新型コロナ禍のもとで売上を伸ばしているのは「都市近郊」に立地する店舗が多く、その割合は７割近くに及ぶ。その一方で、「観光地」と「中山間地域」に立地する店舗では売上が減少したところが多く、それぞれ約７割、６割強にのぼる。

つぎに、運営主体別にみると、新型コロナ禍の状況下でも「農協・漁協」では９割強、「民間企業」と「生産者主体の法人組織」の約６割がそれぞれ売上を伸ばしている。その一方で、苦戦している店舗が多いのは「公社・第３セクター」と「生産者主体の任意組織」が運営する農産物直売所であり、それぞれ約６割、５割強が前年度よりも売上を減少させている。

さらに、年間売上規模別にみると、売上が増えた農産物直売所の割合は規

表 8-4　農産物直売所における新型コロナ禍後の店舗の変化

（単位：件、%）

項目	回答数	構成比
来店客数が減った	76	52.1
客単価が増えた	73	50.0
来店客数が増えた	62	42.5
宅配便の扱い件数が増えた	43	29.5
インターネットを通じた販売が増えた	29	19.9
客単価が減った	27	18.5
会員の出荷量が減った	27	18.5
会員の出荷量が増えた	24	16.4
商品のうち地場産物の割合が増えた	20	13.7
人件費が増えた	20	13.7
万引きが増えた	10	6.8
客のクレームが増えた	10	6.8
商品のうち地場産物の割合が減った	8	5.5
従業員募集に対する応募者が増えた	2	1.4
その他	5	3.4
回答数	146	100.0

資料：図 8-2 に同じ。
注：複数回答可。

模の大きい店舗ほど高い傾向にあり、「５億円以上」の大規模層では７割強に及ぶのに対して、「１千万円未満」の小規模層では約８割が売上の減少に見舞われている。

表8-4は新型コロナ禍後における農産物直売所の変化についてみたものである。これによると、「来店客数が減った」と「客単価が増えた」との回答がともに約５割あったが、「来店客数が増えた」と「客単価が減った」との回答がそれぞれ約４割、約２割あり、農産物直売所の運営主体や規模、立地によって動向の変化に違いがあるとみられる。また、「宅配便の扱い件数が増えた」が約３割、「インターネットを通じた販売が増えた」が約２割みられ、農産物直売所においても通信販売が新型コロナ禍により強化、加速化されたものと考えられる。

掲表していないが、新型コロナ禍後に新たに取り組んだサービスおよび従来からの取組を強化したサービスについてみると、「クレジットカード、電子マネー、QRコード決済、自動精算機などの導入」（33.6%）を行った農産物直売所が３分の１に及んでいる。また、「インターネット販売」（26.0%）、「ふるさと納税の返礼品提供」(23.3%)、「詰め合わせ商品の販売（野菜セット、特産品の詰め合わせなど)」(15.8%)、「自治体や商工会等と連携した販売促進事業」(15.1%）などの対応を強化した農産物直売所もかなりみられる。

つぎに、新型コロナ禍の影響で困っていることについてみると、「イベントを開催できない」と「試食提供ができない」と回答した店舗がそれぞれ約79.5%、66.4%に及ぶ。また、「観光客の減少」(54.8%）と「地域外からの利用客の減少」(48.6%）との回答割合も５割前後あり、これらが多くの農産物直売所において問題となっている。

さらに、新型コロナ禍により直売所の役割として再認識したことについてみると、約７割の店舗が「地域住民の食や暮らしを支えている」と回答している。また、「地域の経済活動や地産地消の拠点になっている」(49.3%)、「地域の交流の拠点になっている」(47.9%)、「高齢者の生きがいの場になっている」(45.9%)、「地域の農林漁家・農林水産業を支えている」(45.2%）と回答した店舗が半数近くにのぼる。この結果から、農産物直売所は地域住民の食や暮らし、農林漁家や農林水産業を支えるだけでなく、地域の経済活動や地産地消、交流の拠点にもなっていることが再認識されたことがうかがえる。

4. 新型コロナ禍による沖縄県内のJAファーマーズマーケットへの影響

1）沖縄県におけるJAファーマーズマーケットの概況

表8-5は調査対象とした沖縄県内のJAファーマーズマーケット10店舗の店舗概要を示したものであるが、これらの所在地は沖縄本島北部が１店舗、中部が３店舗、南部が４店舗、離島が２店舗である。開設年はファーマーズマーケットいとまん「うまんちゅ市場」(以下、「うまんちゅ市場」）の2002年が最初であり、全国的にはやや遅れたものの、2000年代に５店舗、2010年代に５店舗が開設されている。

つぎに、**図8-3**は沖縄県内のJAファーマーズマーケットにおける年間販売

表 8-5　沖縄県における JA ファーマーズマーケットの店舗概要

店舗名	所在地	開設年次（年）	店舗面積（㎡）	売場面積（㎡）	駐車台数（台）
やんばる市場	名護市（北部）	2006	2,253	727	120
ちゃんぷる～市場	沖縄市（中部）	2007	798	497	150
ゆんた市場	読谷村（中部）	2010	994	558	135
ニライ市場	北谷町（中部）	2015	207	163	23
あがりはま市場	与那原町（南部）	2012	850	455	89
くがに市場	南風原町（南部）	2014	982	637	108
菜々色畑	豊見城市（南部）	2008	699	432	176
うまんちゅ市場	糸満市（南部）	2002	1,389	943	124
あたらす市場	宮古島市（離島）	2005	862	492	100
ゆらてぃく市場	石垣市（離島）	2011	789	459	61
計			9,823	5,363	1,086
平均			982.3	536.3	108.6

資料：JA おきなわ提供資料より作成。
注：分析対象とした 10 店舗のみを記載。

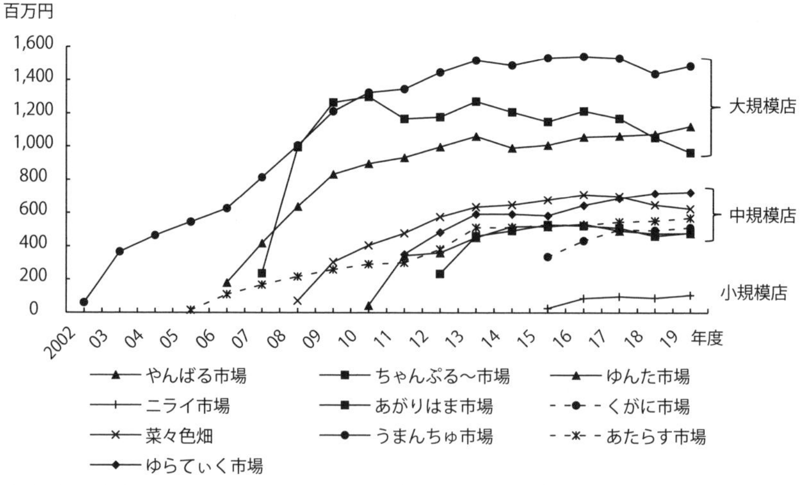

図8-3　沖縄県におけるJAファーマーズマーケットの年間販売金額の推移

資料：表8-5に同じ。

金額の推移を示したものである。これら10店舗の年間販売総額はファーマーズマーケット南風原「くがに市場」（以下、「くがに市場」）、北谷「ニライ市場」（以下、「ニライ市場」）が2015年に開設されて以降、70億円程度で推移している。沖縄県内のJAファーマーズマーケットは年間売上金額規模の大きい店舗が多いが、ここでは「うまんちゅ市場」、ファーマーズマーケットやんばる「はい菜！やんばる市場」（以下、「やんばる市場」）、中部ファーマーズマーケット「ちゃんぷる～市場」（以下、「ちゃんぷる～市場」）の３店舗を大規模店、ファーマーズマーケットやえやま「ゆらてぃく市場」（以下、「ゆらてぃく市場」）、ファーマーズマーケットみやこ「あたらす市場」（以下、「あたらす市場」）、JAおきなわ食菜館「とよさき菜々色畑」（以下、「菜々色畑」）、ファーマーズマーケット与那原「あがりはま市場」（以下、「あがりはま市場」）、読谷ファーマーズマーケット「ゆんた市場」（以下、「ゆんた市場」）、「くがに市場」の６店舗を中規模店、「ニライ市場」を小規模店と分類することにしたい。

なお、年間来客数は年間販売金額と同様、2013年度までは順調に増加したが、近年では頭打ちとなっており、2015年以降は全体として400万人程度で推移している。また、各店舗の客単価は1,500～2,000円程度に集中しており、大きな変化はみられないが、「あがりはま市場」と「ニライ市場」の２店舗では1,000～1,500円程度で推移している。

2）新型コロナ禍による影響

表8-6～8-9は沖縄県内のJAファーマーズマーケット10店舗における新型コロナ禍前後の2019年度と2020年度の年間販売金額、年間来客数、客単価および生産者会員数をそれぞれ示している。

表8-6より年間販売額についてみると、2019年度には10店舗で合計70億4,625万円であったが、2020年度には68億6,527万円となっており、１億8,098万円（2.6％）減少している。店舗ごとにみると、販売金額が大きく減少した店舗もあるが、逆に例年より増加した店舗が半数を超える６店舗ある。販売金額が減少した店舗は中規模店の「菜々色畑」「あたらす市場」「ゆらてぃく市場」と大規模店の「うまんちゅ市場」であり、なかでも「菜々色畑」では前年度対比１億5,715万円、25.2％も減少し、離島にある「あたらす市場」「ゆらてぃく市場」でもそれぞれ7,514万円（13.2％）、5,887万円（8.1％）の減少

表 8-6　JA ファーマーズマーケットにおける新型コロナ禍前後の年間販売金額

（単位：千円、%）

	2019 年度	2020 年度	増減額	増減率
やんばる市場（北部）	1,119,077	1,142,905	23,828	2.1
ちゃんぷる～市場（中部）	962,148	992,350	30,202	3.1
ゆんた市場（中部）	476,442	520,245	43,803	9.2
ニライ市場（中部）	104,530	130,673	26,143	25.0
あがりはま市場（南部）	478,369	521,124	42,755	8.9
くがに市場（南部）	509,016	516,130	7,114	1.4
菜々色畑（南部）	623,747	466,595	△ 157,152	△ 25.2
うまんちゅ市場（南部）	1,482,060	1,418,400	△ 63,660	△ 4.3
あたらす市場（離島）	567,921	492,780	△ 75,141	△ 13.2
ゆらてぃく市場（離島）	722,939	664,070	△ 58,869	△ 8.1
平均	704,625	686,527	△ 18,098	△ 2.6

資料：表 8-5 に同じ。
注：施設内のテナント分を含む。

表 8-7　JA ファーマーズマーケットにおける新型コロナ禍前後の年間来客数

（単位：人、%）

	2019 年度	2020 年度	増減数	増減率
やんばる市場（北部）	630,975	607,193	△ 23,782	△ 3.8
ちゃんぷる～市場（中部）	478,754	464,802	△ 13,952	△ 2.9
ゆんた市場（中部）	280,442	263,175	△ 17,267	△ 6.2
ニライ市場（中部）	86,681	99,816	13,135	15.2
あがりはま市場（南部）	340,861	342,234	1,373	0.4
くがに市場（南部）	300,754	292,185	△ 8,569	△ 2.8
菜々色畑（南部）	281,655	199,925	△ 81,730	△ 29.0
うまんちゅ市場（南部）	782,905	716,828	△ 66,077	△ 8.4
あたらす市場（離島）	333,411	292,216	△ 41,195	△ 12.4
ゆらてぃく市場（離島）	396,561	363,730	△ 32,831	△ 8.3
平均	391,300	364,210	△ 27,090	△ 6.9

資料：表 8-5 に同じ。
注：レジ通過者数。

となっている。一方、販売金額が増加した店舗は中規模店の「ゆんた市場」「あがりはま市場」「くがに市場」、大規模店の「ちゃんぷる～市場」「やんばる市場」、小規模店の「ニライ市場」であり、なかでも「ニライ市場」では前年度対比25％も増加している。

表8-7より年間来客数についてみると、2019年度には10店舗合計で約391万人であったが、2020年度には約364万人となっており、約27万人（6.9％）減少した。10店舗中８店舗と多くの店舗で来客数が減少しているなかで、小

表8-8　JAファーマーズマーケットにおける新型コロナ禍前後の客単価

（単位：円、%）

	2019年度	2020年度	増減額	増減率
やんばる市場（北部）	1,774	1,882	109	6.1
ちゃんぷる～市場（中部）	2,010	2,135	125	6.2
ゆんた市場（中部）	1,699	1,977	278	6.4
ニライ市場（中部）	1,206	1,309	103	8.6
あがりはま市場（南部）	1,403	1,523	119	8.5
くがに市場（南部）	1,692	1,766	74	4.4
菜々色畑（南部）	2,215	2,334	119	5.4
うまんちゅ市場（南部）	1,893	1,979	86	4.5
あたらす市場（離島）	1,703	1,686	△ 17	△ 1.0
ゆらてぃく市場（離島）	1,823	1,826	3	0.1
平均	1,801	1,885	84	4.7

資料：表8-5に同じ。

表8-9　JAファーマーズマーケットにおける新型コロナ禍前後の生産会員数

（単位：人、%）

	2019年度	2020年度	増減数	増減率
やんばる市場（北部）	1,331	1,005	△ 326	△ 24.6
ちゃんぷる～市場（中部）	1,363	1,395	32	2.3
ゆんた市場（中部）	950	943	△ 7	△ 0.7
ニライ市場（中部）	455	468	13	2.9
あがりはま市場（南部）	858	872	14	1.6
くがに市場（南部）	993	1,012	19	1.9
菜々色畑（南部）	550	550	－	－
うまんちゅ市場（南部）	1,081	1,117	36	3.3
あたらす市場（離島）	610	653	43	7.0
ゆらてぃく市場（離島）	699	711	12	1.7
平均	889	873	△ 16	△ 1.8

資料：表8-5に同じ。

規模店の「ニライ市場」では前年度対比で15%も増加している。

さらに、**表8-8**より客単価についてみると、10店舗中９店舗で高まっており、しかもそのうちの８店舗が４%以上の上昇率であるが、中規模店である石垣島の「ゆらてぃく市場」は0.1%の上昇にとどまっており、宮古島の「あたらす市場」では1.0%低下している。

最後に、**表8-9**より生産者会員数についてみると、全体では164人、1.8%減少しているが、これは大規模店である「やんばる市場」において326人も減少した影響が大きい。同店では前年度に出荷がなかった会員や高齢に伴う離農により多くの会員が退会している。その一方で、７店舗では会員数が増加しているが、これは新型コロナ禍によって外食需要が減少し、外食店と直接取引を行っていた農業者が農産物直売所に出荷するために会員になったことなどが関係しているとみられる。

ところで、沖縄県内のJAファーマーズマーケットではこれまで多くのイベントや試食販売、野菜の詰め放題などを実施していたが、新型コロナ禍の影響によりこれらを実施できなくなっている。また、マンゴーやパインアップル、パッションフルーツ等の熱帯果実、島野菜や土産物をはじめとする加工品など、観光客に人気のあった商品が主に売上を落としている。さらに、沖縄県内のJAファーマーズマーケットでは学校給食の食材提供にも力を入れてきたが、新型コロナ禍による休校等で学校給食が一時期停止したため、その影響もみられ、比較的大規模な出荷者はその影響を大きく受けている。

店舗ごとにみると、那覇空港から近く、近隣に大型のレンタカー会社があり、道の駅に併設された「菜々色畑」では来店客の約６割が観光客であったが、新型コロナ禍の影響により１割程度にまで激減した。同店のある豊見城市は沖縄県内初のマンゴー「拠点産地」[3)]であり、2009年に「マンゴーの里」を宣言するなど、マンゴーの生産が盛んであるだけでなく、観光客向けに多くの熱帯果実や島野菜、土産物等の加工品を販売してきたため、大きな影響を受けた。しかも、隣の糸満市に県内最大のJAファーマーズマーケットである「うまんちゅ市場」があり、地元客の集客が難しい状況にあるため、来客数、販売金額ともに大きく減少した。

また、離島にある「あたらす市場」と「ゆらてぃく市場」は観光客の割合がそれぞれ４～５割、２～３割と比較的高かったことから、2020年には年間販売額、来客数ともにかなり減少し、客単価も高まらなかった。その要因として、観光客の来店が減少したこととあわせて、離島には卸売市場がないことなどから、この２店舗の顧客には飲食店経営者が多く、新型コロナ禍に伴う観光客の減少により、飲食店の利用も減ったことが挙げられる。その一方で、これらの店舗では新型コロナ禍で帰省を自粛する出身者などに農産物を発送する地元客や以前に観光で訪れた県外客からの宅配の注文が増えている。

県内最大規模で、道の駅併設型のJAファーマーズマーケットである「うまんちゅ市場」ではインバウンドを含む観光客の割合が１～２割を占めていたが、新型コロナ禍後には那覇市内など沖縄県内の他市町村から土・日曜日や祝日に家族連れや若年世代の来店が増えたため、来客数は8.4％、販売金額は4.3％の減少にとどまった。

同じく大規模店である「やんばる市場」と「ちゃんぷる～市場」では来客数の１割程度が観光客であったことから、来客数は若干減少したものの、販売金額を維持している。これは、北部地域の特産物を取り揃える「やんばる市場」にはそれらを目当てに中南部からの来店が増え、米軍基地が近隣にある「ちゃんぷる～市場」では基地関係の外国人などのまとめ買いが増加したためと考えられる。

中南部の中規模店である「ゆんた市場」「あがりはま市場」「くがに市場」の３店舗では新型コロナ禍で「おうち時間」が増えた地域住民による「巣ごもり需要」でまとめ買いなどが増えたことから、販売金額が増加したものとみられる。

沖縄県内のJAファーマーズマーケットのなかでは唯一の小規模店である「ニライ市場」は売場面積が狭く、コンビニエンスストア感覚で立ち寄れる魅力がある。近隣地域には米軍基地関係の外国人や高所得階層の住民が比較的多く住んでおり、店舗周辺に飲食店が多く立地しているが、緊急事態宣言の発出等で飲食店の時短営業や休業に加え、「巣ごもり需要」が増えたことから、来客数が増加し、販売金額も大きく伸びたと考えられる。

以上のように、沖縄県内のJAファーマーズマーケットでは販売金額については新型コロナ禍の影響をそれほど大きく受けていない店舗が多かった。沖縄県は観光地であるが、これらの店舗はいずれも都市近郊に立地しており、「巣ごもり需要」によって地域住民の利用者が増え、まとめ買いなどにより客単価が高まったことがその要因として指摘できる。大きく影響を受けた店舗は観光客の利用が多かった南部や離島の店舗であった。とくに離島の店舗は飲食店等への卸売の機能を有しており、観光客の減少に伴う飲食店等への販売減少による影響も大きいことが明らかになった。

3）農産物直売所の新たな対応

沖縄県内のJAファーマーズマーケット全体としては、新型コロナ禍による休業や出荷制限を行っていないが、店舗の閉店時間を従来の19時から18時に早め、営業を短縮した1時間を店舗の消毒の時間に充てるなどの感染防止対策を行っている。また、「うまんちゅ市場」など売場面積の大きな店舗では消毒作業に時間がかかるため、閉店後の1時間だけでは不十分と考え、繁忙期を除き、月に1日店舗を休業し、消毒作業を実施している。沖縄県内のJAファーマーズマーケットでは従来イベントや試食販売等を積極的に行ってきたが、それが実施できなくなった。JAおきなわファーマーズ統括班では新型コロナの感染状況をみながら今後はこれらを再開していく意向を示しており、2021年には周年祭を開催した店舗や地元の祭りに出店した店舗もあった。また、新型コロナ禍でSNS（Instagram、LINE、Facebook）やYouTubeを活発に活用し、日々の店舗状況や県産食材のレシピ紹介等の発信に力を入れて取り組んでいる。JAファーマーズマーケットの各店舗から写真を提供してもらい、ファーマーズ統括班で情報の発信や更新を行っており、2022年1月現在、Instagramのフォロワー数は2,000人を超えている。とくに「うまんちゅ市場」ではLINEを積極的に活用しており、友だち数は現在4,000人を超えている。LINEの活用は以前から行っていたが、「新型コロナ禍がなければここまで力を入れていなかったのではないか」と述べており、今後も活用を続け、農産物直売所の魅力を発信していく意向である。また、「菜々色畑」「あたらす市場」「ゆらてぃく市場」「ちゃんぷる～市場」では2021年からインターネット販売を開始している。離島県である沖縄県では送料が割高であるため、現在のところ単価の高い商品のみを対象としている。さらに、「ちゃんぷる～市場」では2021年末に米のセットをインターネット販売で取り扱う試みを行っている。沖縄県では中元や歳暮、新年のあいさつなどの機会に米を贈答品とする習慣がある。新型コロナ禍で親戚宅を訪れる機会が減り、これらの需要が減少したが、米を贈答品としてインターネットで購入し、送付できるように取り扱いを始めたのである。

「菜々色畑」では観光客に軸足を置いていたため、新型コロナ禍によって大きな影響を受けた。そこで、地元住民のニーズにあわせて葉野菜等の仕入れを増やして対応しているが、大きな成果はみられない。観光客が多いというイメージが地元住民にもあり、新型コロナの感染を危惧し、来店しないのではないかと推察している。また、生産者会員のなかには自分達が出荷した商品よりも仕入れた商品の方が安価であるため、出荷を拒む者がおり、悪循環に陥っている。今後は地元住民にも来店してもらえるように、葉野菜等を中心に品揃えを充実させながら、会員の委託販売も増やしていく意向である。

５．おわりに

農産物直売所は当初、少量生産農家の出荷先、規格外品の販路確保、高齢者や女性の農家・農業経営内での地位向上など、地域農業の活性化への役割が期待されていたが、近年ではそれに加えて、都市農村交流へと誘う役割が期待されるようになっている。沖縄県においても地域ならではの食材提供の場としてだけでなく、生産者と消費者との交流の場としての役割や観光との連携による地域活性化など、農産物直売所の担っている役割は地域農業や農村経済の発展にとっても重要である。

沖縄県は観光地であることから、県内のJAファーマーズマーケットは新型コロナ禍に伴う観光客の減少によって大きな影響を受けていることが予想されたが、あまり影響を受けていない店舗が多かった。これらの店舗では新型コロナ禍により観光客の来店は減少したものの、いずれの店舗も都市近郊に立地しており、「巣ごもり需要」によって地域住民のまとめ買いが増えていた。しかし、大きなマイナスの影響を受けた店舗もあり、それはやはり観光客の利用が多かった南部の店舗や離島の店舗であった。とくに離島の店舗では観光客の来店が減少しただけでなく、地元の飲食店経営者の購入も減少していた。これらの店舗では新型コロナ禍後は地元客の需要への対応を強化している。また、JAおきなわファーマーズ統括班が中心となってSNSの活用や動画配信による情報発信に力を入れるとともに、インターネット販売を始める店舗もみられた。これらは観光との連携による地域活性化などの役割に加え、地域ならではの食材提供の場、生産者と消費者との交流の場としての役割などを有する沖縄県の農産物直売所にとって重要である。

農産物直売所は本来の食品小売店としての役割であった「地域の消費者に対しての食料供給先」として重要な役割を果たしており、これは沖縄本島の店舗において顕著であった「巣ごもり需要」にも現れている。また、新型コロナ禍による外食需要の減少は飲食店やそこに農産物を供給する生産者に対して大きな影響を与えたが、農産物直売所はこれらの生産者にとって“最後の砦”ともいうべき最終的な出荷先として重要な機能を果たしていること、離島では飲食店に対する卸売の機能を有していることなどが明らかになった。

新型コロナ禍によって在宅時間が増え、内食が増加する一方で、外食が減り、農産物直売所が改めて注目されることとなったが、今後はSNS等を用いて積極的に情報を発信し、さらに認知度を高めることに加えて、既存の利用者が再度利用しやすいようにインターネット販売を用いるなどの取組が重要であり、観光と連携しながら発展してきた沖縄県の農産物直売所には観光客と地域住民の双方の需要に対応できるよう運営していくことがポストコロナ、ウィズコロナ社会において必要になると考えられる。

注

1）2020年12月に開店したJAファーマーズマーケット西原「うんたま市場」、2020年10月末に閉店したJA宜野湾ファーマーズマーケット「はごろも市場」は対象外とする。

2）本調査は2021年３月26日～４月26日にメール送信によって依頼し、インターネット上で回答する方法で実施されている。

３）沖縄県は沖縄県農林水産業振興計画に基づいて「戦略品目」を定め、市場競争力の強化や有利販売に取り組むとともに、戦略品目の生産振興を図るため、定時・定量・定品質の出荷ができる産地を「拠点産地」として認定し、市場に信頼されるおきなわブランドの確立を進めている。

参考文献

大浦裕二（2010）「日本における農産物直売に関する研究の動向と課題」『関東東海農業経営研究』100：37-48
沖縄県農林水産部流通政策課販売戦略班（2014）『平成25年度「直売所を核とした県産食材消費拡大事業」調査事業報告書』
香月敏孝・小林茂典・佐藤孝一・大橋めぐみ（2009）「農産物直売所の経済分析」『農林水産政策研究』16：21-63
岸上光克・辻和良・藤田武弘（2021）「農産物直売所における交流・体験活動の実態と課題―JAファーマーズマーケットを対象として―」『農業市場研究』29（4）：８-14
全国農産物直売ネットワーク・都市農山漁村交流活性化機構（2021）「コロナ禍の農産物直売所の実態に関するアンケート調査報告」（https://www.kouryu.or.jp/service/pdf/R03chokubai_enquete.pdf）
藤井至・藤田武弘（2018）「都市農村交流と農業・農村振興」藤田武弘・内藤重之・細野賢治・岸上光克編著『現代の食料・農業・農村を考える』ミネルヴァ書房：218-232
森下武子（2013）「大規模農産物直売所の2009年度以降の衰退とその要因に関する考察」『農産物流通技術研究会報』295：13-16

（川間 琉太郎・内藤 重之）

第9章

農商工連携に取り組む事業者への影響とその対応

1．はじめに

農商工連携とは農林漁業者と商工業を営む中小企業者がそれぞれの有する経営資源を互いに持ち寄り、新しい商品やサービスの開発・提供や販路開拓などに取り組むことである。農山漁村における地域経済の衰退が進むなかで、地域の基幹産業である農林漁業と商工業の連携を強めることによって農林漁業経営の改善と中小企業の経営向上だけでなく、その相乗効果の発揮によって地域活性化を実現することが期待できることから、政府も農商工連携の推進を図ってきた。しかし、新型コロナ禍に伴う外出自粛や入国制限などにより、農商工連携のなかでもとりわけ観光土産の開発や製造・販売の取組を行う事業などが大きな影響を受けている。

そこで、本章では農商工連携の政策展開について整理するとともに、沖縄県内の紅イモを対象とした農商工連携の取組を事例として、新型コロナ禍の影響とその対応について明らかにする。

沖縄県内の事例調査として、2021年10月～2022年３月に菓子製造業者３社、紅イモ加工業者２社、紅イモ生産者７人（産地集出荷業兼務を含む)、石垣市農林水産部、沖縄県農林水産部、沖縄県南部農業改良普及センターに対してヒアリング調査を実施した。

2．農商工等連携促進法の概要と農商工連携の取組状況

1）農商工等連携促進法の概要と農商工連携の推進に関する支援策

2008年７月に施行された農商工等連携促進法（正式名称は中小企業者と農

林漁業者との連携による事業活動の促進に関する法律）は、中小企業者と農林漁業者とが有機的に連携し、それぞれの経営資源を有効に活用して行う事業活動を促進することにより、中小企業の経営の向上および農林漁業経営の改善を図り、国民経済の健全な発展に寄与することを目的としている。同法では農商工連携の支援策である「農商工等連携事業計画」や計画における特例措置等について規定している。農商工等連携事業計画とは中小企業者と農林漁業者がそれぞれの経営資源を持ちより、有機的に連携して新商品や新サービスの開発および販路の開拓に取り組む事業計画である。農商工等連携促進法による各種支援を受けるには、農商工等連携事業計画を共同で作成した後、両者が連名で国に申請し、認定を受けることが必要である。

農商工連携の推進に関する支援策として、マーケティング等の専門家による試作品開発、販路開拓などの支援を受けることができるほか、中小企業信用保険法の特例（保証限度額の拡大、補てん率の引上げ、保険料率の引下げ）、食品流通構造改善促進法の特例（食品流通構造改善促進機構による債務保証の支援対象拡大）、農業改良資金融通法、林業・木材産業改善資金助成法、沿岸漁業改善資金助成法の特例（対象者の拡大、償還期間および据置期間の延長）などが適用される。

2）農商工等連携事業計画の認定状況

農林水産省「農商工等連携促進法に基づく農商工等連携事業計画の概要（令和4年2月10日現在）」によると、全国における農商工等連携事業計画の認定件数は817件であり、そのうち農畜産物関係が657件で8割を占めており、水産物関係は113件（13.8％）、林産物関係は47件（5.8％）にとどまっている。都道府県別にみると、北海道が90件と最も多く、次いで愛知県が68件、愛媛県が27件、岐阜県と静岡県が26件と続いており、沖縄県は21件である。また、活用されている農林水産資源の割合は野菜が30.3％と最も高く、次いで水産物が13.2％、畜産物が12.1％、果実が11.0％となっている。さらに、認定事業の内容をみると、「新規用途開拓による地域農林水産物の需要拡大・ブランド向上」が376件（全体の46.0％）と最も多く、次いで「新たな作目や品種の特徴を活かした需要拡大」が194件（同23.7％)、「規格外や低未利用品の有効活用」が119件（同6.4％）となっている。

3．沖縄県におけるカンショ生産の概況

1）カンショの伝来と生産の動向

琉球王国の正史として編纂された『球陽』によると、わが国へのカンショの伝来は1605年に沖縄本島中部の北谷間切り野国村（現在の嘉手納町）の野国総管が現在の中国福建省から進貢船で焼物の花盆に植えて持ち帰り、野国村を中心に植え広めたのが最初である[1)]。その苗を儀間真常がもらい受け、広めたとされる（比嘉，1998)。その後、薩摩藩に伝来したカンショはサツマイモと呼ばれるようになった。

水源に乏しく、台風や干ばつによって穀物を栽培しにくい沖縄ではカンショはきわめて重要な作物であった。沖縄のカンショ作付面積は1908年（明治41年）には３万7,724haを記録し、総畑地面積の約７割に達した。その後増減を繰り返しつつも戦前までカンショの作付面積率はほぼ５割以上となっており、カンショは沖縄の人々にとって主食であるだけでなく、肉食文化の中心を担う養豚の飼料としても重要な役割を果たしていたのである。しかし、戦中・戦後は戦争の被害や米軍による農地接収等により畑地面積が大幅に減少し、それに伴ってカンショの作付面積も減少した。1950年代以降には農地面積が増加するものの、カンショの作付面積は減少し、とくにキューバ危機以降は砂糖価格が高騰し、サトウキビへの転換によって自給的作物であるカンショの生産は激減した。

図9-1より沖縄県における日本復帰以降のカンショ生産の動向をみると、復帰年の1972年には作付面積は3,050haであったが、1980年には658haに激減し、2000年以降は300ha以下で推移している。また、収穫量も1972年には７万4,400ｔであったが、1980年には１万5,100ｔに激減し、2000年には5,860

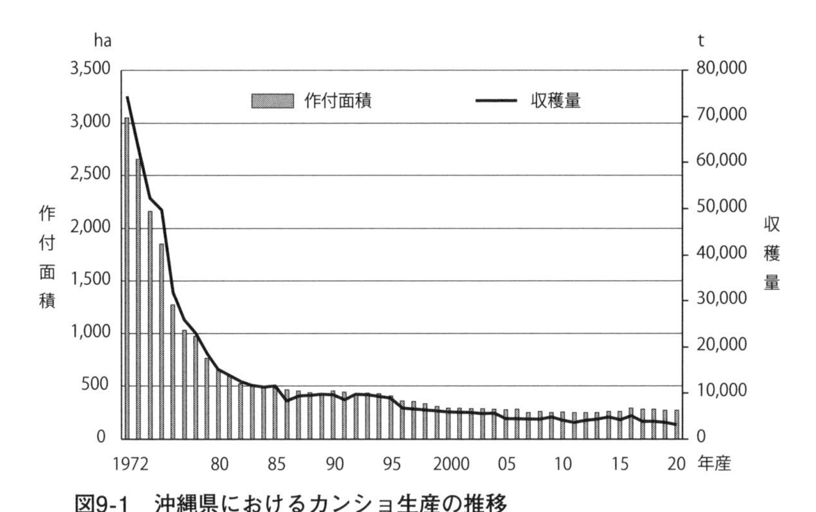

図9-1　沖縄県におけるカンショ生産の推移

資料：農林水産省「作物統計調査」より作成。

ｔとなり、近年では3,000ｔ台にまで落ち込んでいる。単収も2000年頃まではほぼ２ｔ/10ａ台で推移していたが、それ以降は１ｔ/10ａ台となり、最近では1.5ｔ/10ａに満たない水準である。

冬季温暖な沖縄ではカンショは１年中栽培されているが、作型は３～６月頃に植え付け、８～12月頃に収穫される春植え、９～11月頃に植え付け、２～５月頃に収穫される秋植えが一般的である。

沖縄におけるカンショ生産の大きな障害になっているのがアリモドキゾウムシとイモゾウムシの２種類の害虫である。これらの食害を受けたカンショは独特の臭みと苦みがあり、それらが塊根全体に広がるため、わずかな食害であっても食用はもちろんのこと、飼料用にもならない。アリモドキゾウムシは1903年（明治36年）に、イモゾウムシは1947年（昭和22年）にそれぞれ沖縄に侵入し、当初は防除効果の高い有機塩素系殺虫剤を使用していたが、発がん性があるため、その使用が禁止され、1960年頃より被害が多発している（沖縄県読谷村役場農業推進課，2004）。このように、これらは難防除害虫であるため、植物防疫法により特殊病害虫に指定されており、寄主植物であるカンショを県外に持ち出すことはできない[2)]。また現在、サツマイモ基腐病が全国的に大きな問題となっているが、これは2018年11月にわが国で初めて沖縄県において確認され、2019年以降、各地に広がっている。最近の単収低下はこの病害によるところが大きいとみられる。これらの病虫害を含む連作障害を回避するために、生産者はサトウキビ等との輪作によって紅イモを主とするカンショを生産している。

2）紅イモを取り巻く状況と品種の変遷

現在、沖縄県内で生産されているカンショのほとんどが紅イモであるが、肉色が紫の品種を“紅イモ”と称するようになったのは、日本復帰後、1970年代後半に読谷村で「宮農36号」が栽培されるようになってからであり、戦後間もない時期に“紅イモ”と呼ばれたのは果皮が紫紅で肉色が白系の品種であった。「宮農36号」は戦後、宮古農事試験場で作出された肉色が濃い赤紫で食味のよい品種であり、1975年頃に読谷村の生産者が那覇市の農連市場から種イモを入手し、村内で栽培を広めた（桐原・岡田，2017）。1980年代になると、全国的に１村１品運動が盛んになり、読谷村でも1984年に商工会を中心として「村おこしビジョン策定委員会」が結成され、紅イモを村おこしの中心に据えて地域活性化を目指すことが決定された。翌1985年には商工会、役場、農協、漁協、青年会等からなる「村おこしビジョン実現推進委員会」が結成されたが、この頃には「宮農36号」に病害が多発したことから、本部町備瀬地区の在来品種である「備瀬」が導入された。「備瀬」は果皮が白く、肉色が紫で食味がよく、「宮農36号」より単収が高いうえに、収穫期も１カ月ほど早く、各種土壌への適応性も高いことから、急激に普及した（沖縄県読谷村役場農業推進課，2004）。そこで、読谷村は1989年に「紅イモで村おこし」をスローガンに「紅イモの里」を宣言し、本格的な紅イモブームのはしりとなった（大見のり子，2010）。なお、「備瀬」は読谷村内にとどまらず、全県的に普及し、主力品種となった。

1990年代になると、県外から肉色が鮮やかで濃い赤紫色をした品種が導入され、これが1995年頃には沖縄本島北部で栽培が広がり、通称「V4」と呼ばれるようになった。この「V4」は食味こそよくないものの、安定した濃紫の肉色は加工原料としての価値が高く、紅イモ菓子の品質向上に寄与した。その後、「備瀬」と「V4」の交配により「沖夢紫」と「ちゅら恋紅」が作出された。「沖夢紫」は肉色が濃紫で甘みが強く、肉質が軟らかい品種で、読谷村では「備瀬」に置き換わる勢いで栽培が増えた。一方、「ちゅら恋紅」は安定多収であるだけでなく、肉質の水分含量が少なく、加工歩留まりが高いことから、加工用品種として県内各地で栽培が増加し、2015年にはカンショ栽培面積の50％を超えるまでに普及した（桐原・岡田，2017）。

ところで、沖縄県は市場競争力の強化や有利販売に取り組むため、農林水産物の市場競争力の強化により生産拡大および高付加価値化が期待できる品目を「戦略品目」として定め、その品目を対象として組織力を持ち、定時・定量・定品質の出荷原則に基づいて安定的に生産・出荷することによって消費者や市場から信頼されうる産地を「拠点産地」として認定する「拠点産地認定制度」を実施している。沖縄県は紅イモを「戦略品目」と位置づけ、その「拠点産地」として読谷村、今帰仁村、八重瀬町具志頭、うるま市、久米島町、石垣市、宮古島市を認定している（沖縄県農林水産部，2022）。現在ではこれら県内主要産地の多くで「ちゅら恋紅」が主に栽培されるようになっているが、石垣市では「沖夢紫」の生産に絞り、地域ブランド化に取り組んでいる。

3）カンショの用途別仕向状況と新型コロナ禍への対応

表9-1は全国および沖縄県におけるカンショの用途別仕向状況を新型コロナ禍前の2018年と新型コロナの感染が拡大した2020年について示したものである。まず、全国の状況をみると、新型コロナ禍前の2018年には生産量79.7万ｔのうち生食用の割合がほぼ半分、焼酎用を主とするアルコール用が４分の１以上をそれぞれ占めており、加工食品用は１割にも満たなかった。2020年には生産量が68.8万ｔ（前年対比△13.7％）にかなり減少しているものの、

表9-1　新型コロナ禍前後におけるカンショの用途別仕向状況

（単位：ha、t、%）

			作付面積	生産量					
				計	生食用	加工食品用	でん粉用	アルコール用	減耗、その他
実数	全国	2018年	35,700	796,500	387,192	71,507	95,830	213,356	28,615
		2020年	33,062	687,580	355,070	86,168	76,581	139,083	30,678
	沖縄県	2018年	282	3,770	276	3,478	0	8	8
		2020年	273	3,130	614	2,207	0	203	106
構成比	全国	2018年	100.0	100.0	48.6	9.0	12.0	26.8	3.6
		2020年	92.6	100.0	51.6	12.5	11.1	20.2	4.5
	沖縄県	2018年	100.0	100.0	7.3	92.3	0.0	0.2	0.2
		2020年	96.8	100.0	19.6	70.5	0.0	6.5	3.4

資料：農林水産省「いも・でん粉に関する資料」より作成。
原資料：都道府県報告による農林水産省地域作物課調べ。
注：2018年は確定値、2020年は概算値である。

用途別仕向割合にはそれほど大きな変化はなく、外食需要の低迷によってアルコール用が6.6ポイント低下し、生食用や加工食品用が約３ポイントずつ上昇している程度である。

これに対して沖縄県の状況をみると、2018年には生産量3,770ｔの実に９割以上が加工食品用であり、生食用は7.3％、アルコール用に至っては0.2％にすぎなかった。ところが、新型コロナがまん延した2020年には生産量が3,130ｔ（前年対比△17.0％）に減少しただけでなく、加工食品用の割合は約７割に20ポイント以上も低下し、生食用とアルコール用の割合がそれぞれ12.3ポイント、6.3ポイント上昇している。生産量の減少はサツマイモ基腐病による減収の影響も大きいとみられるが、仕向先の変化は新型コロナ禍による観光客の激減に伴って観光土産を主とする紅イモ菓子の需要が大きく減少した影響で、加工食品用から生食用に振り向けた生産者が多いものとみられる。なお、アルコール用の増加は紅イモの産地である石垣市、宮古島市、久米島町にある泡盛酒造業者３社が地元の紅イモと県産黒糖、タイ産米を原料とする蒸留酒「イムゲー」を2019年８月から販売したことによる（朝日新聞デジタル，2019）。

2020年４～５月に観光客が激減したことに伴い、土産用菓子をはじめとする紅イモの需要が減少し、紅イモやそのペーストが行き場を失っていることが新聞等で報道されたことから、大手の高級ホテルチェーンが紅イモ産地の読谷村に2020年７月にオープンしたホテルをはじめ、沖縄県内の施設を中心に、全国各地の施設で紅イモのデザートメニューを提供するなど、紅イモ生産者を支援する取組がみられた。

また、沖縄県や紅イモ産地を擁する市町村も次のような行政支援を行った。沖縄県は2020年度には県内の量販店等と連携し、11月16～23日に「いもの日」消費拡大キャンペーンを実施するなどして紅イモや菓子の消費拡大を図った。さらに、2021年度には「地域創生臨時交付金」を活用し、県内で製造された菓子等を学校給食や子ども食堂、保育施設に提供する「ぼくたちわたしたちが応援！県産お菓子の魅力発信事業」（１億1,788万円）を措置し、紅イモ菓子製造業者やその原料供給を担う生産者を支援した[3)]。

市町村の支援についてみると、読谷村は過剰在庫となった紅イモペーストの冷凍保管費の支援金として村内産の紅イモの買取に対して50円/kgを製造業者に助成するとともに、役場職員が村内にある菓子製造業者の商品を積極的に購入する取組を行った。また、伊江村も村内の紅イモを原料として使用している事業所に対して買取助成をすることで、供給農家の安定的な生産体制を維持することを目的として、2020年度「地域創生臨時交付金」を活用し、「伊江村農産物加工製造業安定化支援事業」（1,500万円）を措置して支援した。さらに、石垣市は2020年度には「地域創生臨時交付金」を活用し、「甘しょ次期作支援事業」（150万円）と「特産品緊急地消拡大事業」（363.5万円）を措置した。前者はカンショ採苗圃の管理にかかわる費用を補助するものであり、５戸の農家に対して春植え用の採苗圃60ａの管理費用を支援した。後者は需要が低迷した紅イモやパインアップル等の生産者および加工業者の支援を目的として、小中学校や保育・障がい者・高齢者施設等における給食の食材として活用するものである。同市は2021年度についても「地方創生臨時交付金」を活用して「農産物加工品消費拡大事業」（615.6万円）を設け、地元業者の紅イモ菓子を学校給食に提供している。久米島町も2021年度に「地域創生臨時交付金」を活用し、新型コロナ禍で大きな減収となったカンショと花きの生産農家に対し、次期作の作付に向けた堆肥の支援を行う「次期作付堆肥支援事業」(423.2万円)を実施している。

4．紅イモ菓子製造業者と紅イモ産地・生産者への影響

1) A社の事例

(1) A社の概要

1979年に沖縄本島中部の読谷村に洋菓子店を開店したA社は、1986年に読谷村商工会から村おこし事業の一環として「紅イモでお菓子を作れないか」との依頼を受けた。そこで、試行錯誤を重ねた結果、紅イモタルトを開発した。当初は店舗での直接販売のほか、小売店等へ卸す一方で、県外の物産フェアに参加して販路開拓に努めたが、同社の紅イモタルト以外に紅イモを原料とする菓子がなく、とくに県外では紫色は食べ物の色ではないといわれたり、着色料を使っていると思われたりして、なかなか受け入れてもらえなかった。しかし、読谷村では1989年3月に読谷村商工会が主催した「紅イモシンポジウム」を皮切りに、「紅イモで村おこし」を合言葉として役場や商工会、農協が中心となって数々のイベントを開催するなど紅イモの観光資源化に尽力した(沖縄県読谷村役場農業推進課, 2004)。それに伴って紅イモタルトも徐々に売上を伸ばしていった。

その後、1995年から5年間、沖縄発のすべての航空旅客機の機内食として沖縄の菓子が提供されることになり、紅イモタルトや沖縄の素材を使った菓子が採用された。通常、機内食は3カ月で変更されるが、紅イモタルトをはじめとする同社の紅イモ菓子は4年間も採用されるほどの人気であり、キャビンアテンダント(CA)やバスガイドの口コミもあって売上が伸びた。折しも2000年に沖縄サミットが開催され、2001年にNHKの連続テレビ小説『ちゅらさん』が放映されたことなどから、「沖縄ブーム」が起こり、ゴーヤーやシークワーサー等とともに、紅イモもポリフェノールや食物繊維等の機能

性が高い食材として、テレビ等のマスメディアで取り上げられるようになった。Ａ社は2001年６月には恩納村に当時の年間売上額を超える約12億円をかけて製造工程の見学や菓子作り体験ができる沖縄発の工場を併設する首里城正殿をイメージした大型店舗をオープンした。オープン直後には米国で同時多発テロが発生し、沖縄観光は一時的に大打撃を受けたものの、その後は修学旅行や観光客等の団体客が観光バスで訪れるようになり、売上を大きく伸ばした。

2019年には直営店11店舗を構えるまでになり、喫茶・レストラン部門を含めて年間売上高は58億円に達した。当時の客層は観光客が６～７割、地元客が３～４割という構成であった。なお、同社ではこの間にシークワーサーや黒糖など沖縄の地域特産物を活用した和洋菓子の商品開発にも注力しており、紅イモタルトの販売比率は３～４割に低下しているが、紅イモを原料とする和洋菓子は多数に及んでいる。

(2) 紅イモの原料調達

読谷村は古くからカンショの産地として有名であり、生産量も多かったが、紅イモタルトを開発した1986年には作付面積42ha、収穫量720ｔにまで減少しており、その多くは農家の自家消費用であった。そのため、農家を１戸ずつ訪ねて良質な紅イモを探し、10戸ほどの農家から調達した。その後しばらくは村内の農家から仕入れていたが、現在では読谷村だけでなく、久米島町や伊江村、宮古島市等の140人以上の生産者から調達している。ただし、そのうちの約８割は購買契約書を交わした同社専属の約20人の生産者から調達しており、沖縄本島内の生産者からは直接調達しているが、離島の場合は集出荷業務を行う生産者を通じてまとめて調達している。これら専属の生産者とは最初に購買契約書を交わし、毎年シーズン前に出荷時期と面積を記載した計画書を畑で手交しているが、計画面積から生産された紅イモについては市場価格よりも高い160円/kg（久米島産は送料として＋10円/kg）で全量買い取っている。なお、計画書を作成する際には生産者の希望を優先していることから、作付時期が３～６月に集中し、大半が９～12月にまとまって出荷される。そのため、Ａ社では年末には翌年の出荷が始まるまでの在庫（最低150ｔ程度）をペーストに加工して確保しておく必要がある。

Ａ社が調達する紅イモの品種についてみると、当初は「備瀬」と「宮農36号」であり、紫色の濃さが安定せずに苦労したが、その後に「V4」が導入され、色の調整がしやすくなった。現在では「ちゅら恋紅」が約９割と大半を占め、「備瀬」が１割ほどである。なお、肉色がオレンジ色の品種であり、読谷村の特産である「よみたんアカネ」（通称「茜イモ」）に限っては品種を指定したうえで特定の生産者から調達している。

紅イモの年間使用量はピークの2010年頃には1,350ｔに達したが、その後、商品の多様化によって漸減傾向で推移しており、2018年には871ｔであった。ところが、2019年には主要調達先である久米島町や読谷村等でサツマイモ基腐病が多発し、その影響により583ｔに大幅に減少した。

(3) 新型コロナ禍の影響とその対応

新型コロナ禍によって沖縄県内では観光客が激減し、Ａ社の売上は2020年４月には前年同月の１割程度に落ち込み、本店以外の店舗を閉めて、在庫の廃棄を減らすために半額で販売するなどの対応を取らざるを得ず、2020年度（７月決算）におけるＡ社の売上は前年度比で３割程度減少した。さらに、年間を通して観光客が少なかった2021年度は2019年度対比で半減する見込みである。

紅イモタルトをはじめとする商品は2020年３月頃から売上が減少し始めていたが、前述のとおり2019年にはサツマイモ基腐病の影響で紅イモの調達量が減少し、2020年についても同様であると予想していた。しかし、新型コロナ禍はすぐには収束せず、８月頃には調達量が過多になることが把握されたものの、すでに生産者は紅イモの植付を終えていたことから、専属の生産者からは当初計画どおり全量を買い取った。その結果、2020年の紅イモ調達量はサツマイモ基腐病の影響もあり、前年よりもさらに減ない380ｔとなった。

とはいえ、紅イモペーストの在庫が増え、2019年に冷凍庫を増設していたにもかかわらず、それが満杯となり、最終的には地元漁協の冷凍施設を借用できたものの、冷凍庫を借りるのにも苦労するような状況となった。

そのようななかで、同社は隣接するうるま市の食品加工業者に相談を持ちかけ、紅イモを飼料としてブランド豚を生産・販売する地元の養豚業者とも連携して、レトルト食品の紅イモカレーを共同開発した。これを2021年１月から直営店舗とインターネットで販売したところ、売れ行きは好調であった。また、紅イモペーストの在庫が問題になっていることが報道されたことから、大手衣料メーカーが沖縄県内の店舗やECサイトの利用客に2021年夏の誕生感謝祭で紅イモタルトをプレゼントする取組を行うなど、多くの企業からの支援を受けた。さらに、前述のとおり地元の読谷村や伊江村からの行政支援もあり、これらが経営の支えになった。とはいえ、売上減少の影響は大きく、同社では店舗や工場の整理・縮小を行うことによって経費の削減に努めている。

2021年も購買契約書を交わしている生産者全員に紅イモの生産を依頼し、全量買取を行ったが、それ以外の生産者にはサトウキビ等への転換を依頼せざるを得ず、調達量はほぼ前年と同じ390ｔであった。しかし、2022年度には観光客数も一定程度回復することを見込んで、紅イモ590ｔ、茜イモ60ｔ、計650ｔのカンショを調達する計画である。また、カンショ生産者の多くは70～80代であり、後継者不足の問題も抱えていることから、新型コロナ禍以前には毎年実施していた生産者との情報交換会を再開して生産意欲の向上や信頼関係の深化、ビジョンの共有等を図るつもりである。

２）Ｂ社の事例

(1)　Ｂ社の概要

1984年に土産物の卸売・小売業として設立されたＢ社は1999年に製造工場を取得して菓子類の製造を開始し、主力商品である紅イモタルトは2001年から販売している。2019年の事業内容は和洋菓子・アイスクリームの製造販売および食品・酒類の卸売であり、同社製造部で製造したオリジナル商品や食品製造業者から仕入れた約800アイテムの商品を県内外の空港・ホテル・土産物店、量販店、百貨店に卸売を行うほか、直営の３店舗で販売していた。同年度の売上額は約21億円であり、その半分近くが紅イモタルトをはじめとする紅イモ製品であった。

同社は観光土産としてだけでなく、贈答品にもなる洗練された商品やパッケージの開発とあわせて、県産や国産の原材料にもこだわっており、紅イモのほか、フルーツタルト等に使用するパインアップルやマンゴー、シークワーサー、塩についても県内産を使用している。また、紅イモ菓子に使用する紅イモは「ちゅら恋紅」のみを使用しており、安定的に高品質な紅イモを調達するために、本社ビルの４階でメリクロン苗を生産し、生産者に配布している。

(2) 紅イモの原料調達

Ｂ社は紅イモ菓子の原料となる紅イモを当初はうるま市宮城島の生産者から調達していたが、規模拡大に伴って読谷村や久米島町、伊江村などからも仕入れるようになった。しかし、現在ではうるま市の生産者と伊江村の関連会社であるＤ社からのみペーストの状態で調達している。

Ｄ社はＢ社の会長でもある代表取締役社長のＥ氏と専務取締役のＦ氏の役員２人を筆頭に、正社員６人、パート13～15人で経営されている。2018年度の年商は約9,000万円であり、主な商品は紅イモペースト、紅イモチップス、紅イモコロッケなどの紅イモを使った商品である。

Ｄ社が設立された経緯は次のとおりである。１島１村の伊江村では肉用子牛やキク類、サトウキビとあわせて、葉タバコの生産が盛んであるが、2011年にJTが葉タバコの廃作を募集し、村内でそれに応じた12人の葉タバコ生産者が2012年にサイトウキビと紅イモを生産した。その紅イモを沖縄県中央卸売市場に出荷したところ価格が下落したことを受け、当時村議会議員を務めており、農家でバス会社を経営する実業家でもあったＦ氏の父親であるＧ

氏が伊江村出身で親交のあったＥ氏に相談した。その結果、ペースト加工を行う工場を共同出資で設立して伊江島産の紅イモをＢ社で使うことになり、同社の関連会社として2013年にＤ社が設立された。

Ｄ社の設立に際してＧ氏は紅イモ生産者を集めて説明会を行い、当初は８人の生産者が参加した。現在、Ｄ社の契約生産者は14人（Ｆ氏を含む）であり、Ｆ氏が専務取締役に就任してからは若手の葉タバコ生産者に働きかけて紅イモの生産面積を増やしてきた。紅イモの契約価格は市場価格よりも高い140円/kgである。紅イモの取扱量は年間約200ｔであるが、契約生産者の多くは葉タバコやサトウキビとの輪作を行っており、出荷時期が集中することから、数量調整をしやすくするために、そのうちの約半分をＦ氏が生産している。また、シーズン前に作付計画を策定し、時期ごとの掘取予定の面積および数量を生産者に提示しており、シーズン中（３～10月）は月初めに生産者会議で生産面積を確認するなどの取組を行っている。工場の稼働率を考慮して長期間安定的に出荷してもらえるように調整も行っている。

契約生産者へはＢ社から供給されたメリクロン苗を増殖して配布するほか、植付やつるの刈取り、収穫のための機械を保有し、それらを貸し出したり、作業受託を行ったりしている。なお、契約生産者は生産した紅イモを同社以外にも販売できる仕組みとなっている。

Ｄ社の加工場では約20ｔ/月の紅イモを処理しており、そこで生産された主力商品のペーストはＢ社へ12～14ｔ/月、その他へ1ｔ/月程度販売している。また、Ｂ社に過度に依存しないように、多種類の自社製品を開発・製造し、それらを村内の直売所や土産物店等で販売している。

(3) 新型コロナ禍の影響とその対応

紅イモタルトを中心に土産物の卸売を主とするＢ社は、新型コロナ禍による観光客減少の影響を大きく受け、2020年４～５月には売上が前年同月の１割以下に激減するなど、2020年度の売上額は大幅に落ち込んだ。Ｂ社では2020年４～５月には紅イモタルトなどの商品ができるだけ廃棄処分とならないように、返品された商品を値引きして販売したり、トラックで病院に寄付したりするなどの対応を行った。

B社は紅イモの主要調達先である伊江村ではサツマイモ基腐病が発生していなかったことから、前年どおり紅イモが生産されると紅イモペーストが供給過多になることを見通していたが、とくにD社や生産者に紅イモの減産を依頼することはなかった。しかし、D社や生産者は紅イモの需要減少が明らかであったため、自主的に作付面積を減らした。その結果、D社における2020年度の売上額は6,000万円弱に減少した。

B社では売上の減少により厳しい経営を強いられ、2019年に大型商業施設内に開店した直営店を閉めるなどの対応を行ったが、これまで経営が好調であった時にはみえなかった多くの問題点が浮き彫りになり、それらの改善を図るとともに、新たな商品開発に注力した。とくにSDGsの視点を取り入れることによって、多くの無駄が省けるようになったという。また、食品製造業者からの仕入品が売上の半分近くを占めていたが、納入先から返品されるとこれらは原価割れとなることから、仕入部門を廃止することにした。

2021年についても紅イモペーストの調達は2020年とほぼ同様であり、2019年と比較すると契約生産者の紅イモ生産量は減少しているものの、紅イモペーストの使用量は6t/月程度と半分以下に減少していることから、在庫過多の状態が続いている。しかし、生産者がこれまでどおりカンショを生産できるように、2022年については紅イモではなく、肉色が白系の品種である「ちゅらまる」のメリクロン苗を増殖し、提供することにしている。B社ではこれまで紅イモタルトや多種類のフルーツタルトの餡に紅イモや県産果実などとあわせて、北海道産のインゲン豆を原料とする白餡を使っていたが、その大部分を「ちゅらまる」を原料とする白餡に代替する予定である。これによって関連会社や契約生産者のカンショペーストやカンショの生産量を減らさずにすむだけでなく、原料の県産比率の向上も実現できる点は注目に値する。

３）Ｃ社の事例

(1) Ｃ社の概要

Ｃ社は沖縄本島を中心として菓子製造・食品・酒類・民芸品・アパレルの卸売と総合売店（直営店）を運営する企業の支社として石垣市に設立された。同社の特徴は紅イモのなかでも「沖夢紫」にこだわり、“沖夢紫による島おこし”を進めていることである。同社の「沖夢紫」を使用した商品はロールモンブラン、タルト、スイートポテト、パイなど約20種類に及び、その販売額は2019年度には約３億円であった[4)]。

「沖夢紫」は食味がよく、品質は申し分ないが、収穫後の貯蔵性が低く、また一般に単収が低いことから、他産地ではあまり生産されなくなっていた。しかし、石垣島出身で土壌学の専門家である琉球大学名誉教授のＨ氏が石垣島では単収・品質ともに高く、とくに定植後５カ月で収穫できる同種はサトウキビ夏植えとの輪作の相性がよいことから、その生産を奨励した。2005年には石垣島甘しょ生産組合が結成され、数戸の農家が「沖夢紫」を生産し、天ぷら屋などに販売したが、安定的に売れなかったため、Ｈ氏は2007年にＣ社に取扱を依頼した。これに対し、Ｃ社は社長に就任したばかりのＩ氏（現会長）が石垣島産の「沖夢紫」のみを使用した土産用菓子の商品化に取り組むことを決めた。同年には石垣市に産地協議会が設立され、安定生産に向けた病害虫防除の指導や品種の選定・選別などが進められ、同社も2008年には「沖夢紫」を使用したパイやクッキー、クリームケーキ等の生産を開始した。その後、石垣市甘しょ生産組合の事務局を務める農業生産法人Ｊ法人が生産者と取引契約を結び、ペースト加工してＣ社に供給する体制が整ったが、「沖夢紫」の生産が伸び悩み、原料不足が販路拡大の妨げになっていた。そこで、石垣市農政経済課は2011年２月に農家を対象とする説明会を開催し、普及促進を図った。また、同年11月にはＣ社とＪ法人の主催で第１回沖夢紫生産者親睦交流会を開催し、Ｈ氏の特別講義のほか、約50人の参加者によって栽培技術の情報交換や増産に向けての取組等に関する話し合いが行われた。これらの取組よって生産者が増えていった。

同社は2013年３月に開港した新石垣空港内に「沖夢紫」を使用した紅イモ菓子をメインとする直営店をオープンしたが、これがテレビ等のマスメディアで取り上げられ、原料不足になるほどの売れ行きとなった。

また、2013年には紅イモの作付面積20ha、生産量240ｔになり、安定的かつ組織的な生産・出荷の取組やＣ社による島内での加工・販売の取組等が評価され、2015年５月に石垣市が沖縄県から紅イモの「拠点産地」に認定された。

2015年10月には公益財団法人沖縄協会の講演会「サツマイモを活かした地方創生」が沖縄県八重山合同庁舎で開催され、「沖夢紫」の地域ブランド化による地域振興について議論が交わされた。

また、Ｃ社は同時期に「沖夢紫」のマスコットキャラクター「愛夢紫（あゆむ）ちゃん」を作成し、そのネーミング募集に絡めて市内の学校給食に「沖夢紫」のスイートポテトを提供したり、地域活性化プロジェクトの一環として、イモの観察日記つきの絵本『沖夢紫ものがたり　愛夢紫ちゃんのお手伝い』を作成・配布したりするなどの取組を行った。さらに、2016年３月にはＩ氏の提案により石垣市内のリゾートホテルにおいて「沖夢紫フェア」が開催され、「沖夢紫」を使用した和・洋・中・沖縄料理の13種類が開発・提供されるなど、ブランド化が図られた。

これらの他にも同社は2014年から毎年「いもの日」のイベントに出展したり、市内小学校の見学の受入や菓子作り体験を行ったりするなど、「沖夢紫」の知名度向上と地域ブランド化に取り組んでいる。

(2) 紅イモの原料調達

Ｃ社は紅イモ製品の原料として当初はＪ法人が生産者から仕入れた「沖夢紫」をペースト加工した１次加工品を購入していた。しかし、取扱量が増大し、Ｊ法人では対応できなくなったことなどから、2016年に「沖夢紫」の１次加工場を整備し、沖縄本島にある本社工場から機器を移設してペースト加工に取り組むこととした。また、補助事業の受け皿として結成された石垣市甘しょ生産組合は立ち消え状態となっていたが、2017年に再結成され、「沖夢紫」の生産者であるＫ氏が事務局長を務めていた。Ｃ社は2018年にＫ氏を社員として迎え入れ、その後には工場長として、紅イモ製品の原料となる「沖夢紫」の調達体制を整えた。

現在、Ｃ社では「沖夢紫」を石垣市甘しょ生産組合を通じて生産者から150円/kgで規格外のイモや傷イモも含めて全量買い取っている。現在、石垣市甘しょ生産組合の組合員数は175人となっているが、そのほぼすべてがサトウキビとの複合経営であり、パインアップルや肉用牛なども生産している場合が少なくない。2019年における「沖夢紫」の収穫面積は24.9ha、収穫量は259ｔであり、組合員はＣ社以外にも販売できる仕組みとなっているが、ほぼ全量をＣ社が買い取っている。

(3) 新型コロナ禍の影響とその対応

新型コロナ禍により2020年３月以降、Ｃ社においても売上が激減し、紅イモ製品についても例外ではなかった。そのため、同社は４月上旬に生産者に対し、「沖夢紫」の春植えを半分程度に減らすように要請したが、すでに他作物に転作できない状況であったことから、春植え分についても全量を買い上げることにした。その結果、2020年には前年を上回る収穫面積26.6ha、収穫量294ｔとなった。沖縄県内では2019年産と2020年産についてはサツマイモ基腐病がまん延し、かなり減収になった産地があったが、石垣市内の「沖夢紫」には病害がまったく発生せず、豊作となったのである。

そこで、Ｃ社は生産者から持ち込まれた「沖夢紫」の多くをペースト加工する一方で、一部を角切り（ダイスカット）、スティック、千切り、乱切りなどのカット野菜（非加熱・冷凍）等に加工して、ペーストとともに、八重山地域のホテルやレストランなどへレシピ集とともに売り込んだ。

2020年の秋植え以降については転作が可能であったことから、生産者にサトウキビ等への転作を依頼し、2021年産については１人当たりの作付を最大

12ａまで、取引量を70ｔに制限した。それでも「沖夢紫」ペーストの在庫が過多になっていることから、カット野菜としての販路開拓を続けるとともに、沖縄県から紹介された県内のスーパーマーケットや生協に冷蔵した生イモを販売するなどの対応を行った。

このような厳しい状況下で、前述のとおり石垣市は2020年度には「甘しょ次期作支援事業」だけでなく、「特産品緊急地消拡大事業」を措置した。これにより市内産の冷凍パインアップルとあわせて、Ｃ社の製造した「沖夢紫」のペースト、角切り、ウムクジ天ぷらが小中学校や保育・障がい者・高齢者施設等の給食に提供された。

さらに、2021年度についても石垣市は「農産物加工品消費拡大事業」を設け、Ｃ社を事業実施主体として同年11月～2022年３月に月１回程度、同社製造の菓子を学校給食で提供することにしている。その第１弾として新庁舎の開所式にあわせて、11月12日に学校給食でＣ社製「沖夢紫」のロールモンブランケーキが提供された。その後も同社が製造する「沖夢紫」を使用した紅イモ菓子や市内産パインアップルのジャムを使用したパインロールケーキが学校給食で提供されることになっている。

Ｃ社の現会長であるＩ氏は新型コロナ禍で売上が落ち込み、多大な影響を受けたものの、「沖夢紫」の冷凍カット野菜等を学校給食やホテル等に提供するなど、新たな需要開拓ができたことを前向きに捉えている。また、同氏は石垣島の「沖夢紫」を種子島の「安納イモ」のような地域ブランドに育て、世界に発信していきたいと考えており、この間に商品のインターネット販売だけでなく、商談のオンライン化が進んだこともチャンスとみている。

5．おわりに

本章では紅イモを核とした農商工連携の取組を事例として、新型コロナ禍による影響とその対応について明らかにしてきた。紅イモが沖縄県の地域特産品として認知されるようになった契機は読谷村の村づくり事業であるが、それを地域ブランドとして育て上げたのは菓子製造業者を中心として展開された農商工連携の取組である。ここで取り上げた3社の産地・生産者との連携関係はそれぞれ特徴的であるが、要約すると次のとおりである。

町の洋菓子店から紅イモ菓子を沖縄の観光土産の定番にまで成長させたA社は、当初は地元の生産者と連携して原料調達を行っていたが、規模が拡大するとそれだけでは追いつかなくなり、調達先を県内各地に求めた。ただし、主たる生産者とは購買契約書を交わすとともに、毎年シーズン前には計画書を畑で手交し、シーズン後には食事をしながら情報交換会を行うなどして信頼関係の深化やビジョンの共有に努めてきた。B社も規模拡大によって一時は多数の産地から原料を調達するようになったが、最初に取引を始めた産地・生産者との関係を重視するとともに、会長の出身地である伊江島に農家との共同出資で1次加工場を建設し、その農家と連携して生産を拡大させた。また、沖縄本島に本拠を置くC社は石垣島の支社を中心として「沖夢紫」という地域に適した品種にこだわり、島内の生産者や行政と連携しながら、地域ブランド化の取組を進めてきた。

新型コロナ禍で3社とも売上が激減したものの、2020年についてはすでに作付転換が厳しい状況にあったことから、いずれも連携する生産者等には生産・出荷の制限をかけずに全量買取を行った。ただし、2021年以降については作付転換が可能であったことから、対応が分かれた。A社は前年同様に連携する生産者については全量取引を続け、B社は県外産原料の白餡を白系品種のカンショに置き換えることによって生産者と関連会社がカンショの生産およびその1次加工品の製造を継続できるようにした。C社は生産制限を行ったが、カット野菜や生イモの販路開拓に努めるなどの取組を行った。

また、行政や多くの企業がこれら紅イモ菓子製造業者や紅イモの生産者を守るために消費喚起などの支援を行った。

これらのことから、今回の新型コロナ禍によって農商工連携に取り組むことは新しい商品の開発・提供や販路開拓のみならず、不測の事態においても生産者にとっては販路を維持しやすいこと、商工業者にとっても産地の市町村等からの支援を受けやすいことが確認できた。

ただし、農商工連携に取り組む生産者も含めて多くの紅イモ生産者がサツマイモ基腐病と新型コロナ禍による需要低迷によって大きな影響を受けている。これを機に紅イモの生産だけでなく、農業自体をリタイアする高齢農家もみられる。今後、新型コロナの感染が収束し、観光客数が回復・拡大した場合には紅イモ製品の原料不足が懸念される。紅イモは台風や干ばつに強いだけでなく、サトウキビと比べて収益性が高く、園芸作物よりも粗放的な栽培が可能であることから、高齢農家に適した品目である。今後さらなる農業担い手の高齢化が避けられない状況を考慮すると、紅イモの生産を振興することは加工業者の原料確保だけでなく、地域農業の維持・存続を図るうえでも重要であり、行政のさらなる支援が望まれるところである。

また、生のままで県外に出荷できない紅イモは加工が不可欠であり、農商工連携の取組がきわめて重要であるが、一般的に離島や中山間地域など流通条件の不利性を抱えている地域では農業と商工業の連携を促進することが地域振興を図るうえで有効であり、とりわけ貯蔵性の低い品目ではより重要である。このことから、ウィズコロナ・アフターコロナに向けて農商工連携がこれまで以上に活発に取り組まれることを期待したい。

注

1）1597年に宮古島に長真氏砂川親雲上旨屋が中国福建省からカンショの種子を持ち帰り、島中に繁殖させたという説もある（比嘉、1998）。
2）2017年に久米島においてアリモドキゾウムシが根絶され、沖縄本島等の発生地域から久米島への持ち込みも規制されている。
3）那覇市も2020年度に「地域創生臨時交付金」を活用し、国際通りの土産品店が取り扱う県産の土産菓子を市内小中学校の給食で提供する「那覇市土産品消費促進事業」（1,945万円）を実施している。
4）厳密には「沖夢紫」の仕入やその製品の製造はＣ社の本社が、その製品の販売をＣ社がそれぞれ担当しているが、ここでは両社をあわせてＣ社としている。

参考文献

朝日新聞デジタル（2019）2019年８月30日付「泡盛に続け！琉球王朝時代の『イ

ムゲー』復活」（https://www.asahi.com/articles/ASM8R5W3HM8RTPOB00B.html）
比嘉武吉（1998）『甘藷の文化誌　琉球の甘藷を考える』榕樹書林
桐原成元・岡田吉弘（2017）「沖縄におけるかんしょの伝来から品種の分化と発展(2)」『いも類振興情報』130：26-33
沖縄県農林水産部（2022）『沖縄の農林水産業』
沖縄県読谷村役場農業推進課（2004）『パープル　スウィート　ポテト』
大見のり子（2010）「沖縄県におけるカンショ試験研究のあゆみ」『特産種苗』６：21-25

（内藤 重之）

第10章

肉用牛産地への影響とその対応

1．はじめに

新型コロナ禍による外出自粛や入国制限、飲食店への営業自粛要請などにより、インバウンドを含む外食需要が減退し、高級な和牛は価格が暴落した。これにより国内の和牛生産者や産地は大きな影響を受けた。とくに観光・リゾート地として名を馳せる沖縄県の八重山地域は、石垣牛の産地としても有名であるが、観光客が激減し、その影響がより顕著であると考えられる。

そこで、本章では新型コロナ禍による牛肉の需給動向を把握するとともに、沖縄県八重山地域の石垣牛を事例として、肉用牛産地への影響とその対応について明らかにする。

なお、石垣牛の事例については2021年５月～2022年３月にJAおきなわ本店および八重山地区畜産振興センター、JA石垣牛肥育部会員、石垣市農林水産商工部、沖縄県畜産振興公社に対してヒアリング調査を実施した。

2．牛肉需給の全国動向と新型コロナ禍の変化

1）牛肉の需要

牛肉の需要は家計需要と業務需要に大別できるが、業務需要については外食需要が主となっている。**表10-1**は2018年度における牛肉の需要量とその構成についてみたものであるが、家計需要と業務需要はほぼ拮抗しており、外食需要は全体の約３分の１を占めている。牛肉の種類別にみると、輸入牛肉の需要量は業務需要が３分の２近くを占めており、外食需要が家計需要よ

表10-1　牛肉の需要量とその構成（2018年度）

（単位：千ｔ、％）

		推定出回り量	家計需要（小売向け）	業務需要 小計	業務需要 外食	業務需要 その他	輸出
実数	計	930	439	487	298	189	4
	国産牛肉	330	228	98	73	25	4
	和牛	148	99	45	37	8	4
	交雑牛	88	57	31	23	8	－
	乳牛その他	94	72	22	13	9	－
	輸入牛肉	600	211	389	225	164	－
	チルド	270	153	117	87	30	－
	フローズン	330	58	272	138	134	－
構成比	計	100.0	47.2	52.4	32.0	20.3	0.4
	国産牛肉	100.0	69.1	29.7	22.1	7.6	1.2
	和牛	100.0	66.9	30.4	25.0	5.4	2.7
	交雑牛	100.0	64.8	35.2	26.1	9.1	－
	乳牛その他	100.0	76.6	23.4	13.8	9.6	－
	輸入牛肉	100.0	35.2	64.8	37.5	27.3	－
	チルド	100.0	56.7	43.3	32.2	11.1	－
	フローズン	100.0	17.6	82.4	41.8	40.6	－

資料：日本食肉流通センター（2020）より作成。

りもやや多いが、国産牛肉については家計需要が７割近くを占めている。和牛については家計需要が9.9万ｔで約３分の２を占めており、外食需要は3.7万ｔで４分の１となっている。

わが国における牛肉の消費量は経済成長に伴って増加傾向で推移し、2000年度には108.8万ｔに達したが、BSE（牛海綿状脳症）が2001年９月に国内で、2003年12月に米国でそれぞれ発生したことから減少し、2004年度以降、80万ｔ台で推移してきた。しかし、近年では外食を中心に消費が拡大しており、2019年度には米国でのBSE発生前の2002年度を上回る93.7万ｔにまで回復した。新型コロナ禍により2020年度には消費量が若干減少し、93.0万ｔとなっている（**図10-1**）。

新型コロナ禍による牛肉需要の変化についてみると、2020年３月以降、外出自粛や営業制限、インバウンド需要の消失などに伴って外食の売上高が大きく落ち込んだ。**図10-2**は新型コロナ禍における食肉関連の売上高と肉類の家計支出額の推移について2019年同月を100とした場合の指数を示したものであるが、テイクアウトが容易なハンバーガーを中心とするファストフー

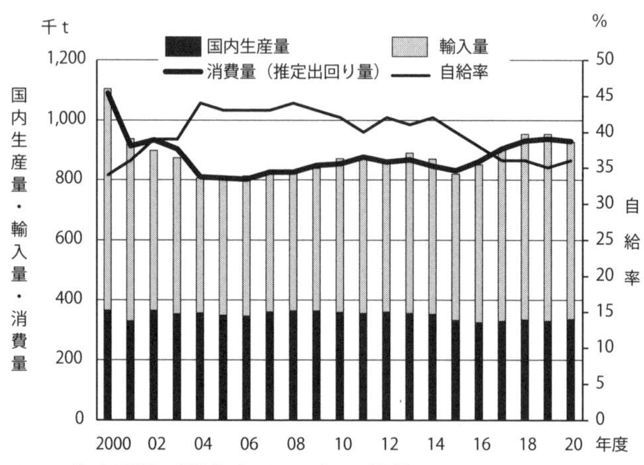

図10-1　牛肉需給（部分肉ベース）の推移

資料：農畜産業振興機構「牛肉需給表」より作成。
原資料：農林水産省「畜産物流通統計」「食料需給表」、財務省「貿易統計」、農畜産業振興機構「食肉の保管状況調査」。
注：消費量（推定出回り量）＝国内生産量＋輸入量＋前年度在庫量－当年度在庫量－輸出量

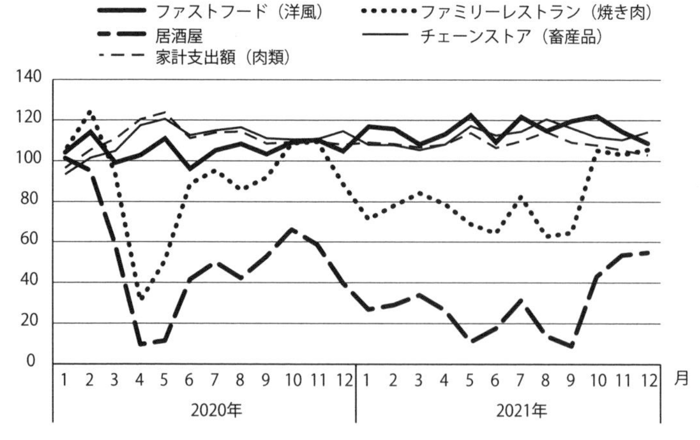

図10-2　新型コロナ禍における食肉関連の売上高と肉類の家計消費額の推移（2019年同月比）

資料：日本フードサービス協会「外食産業市場動向調査」、日本チェーンストア協会「チェーンストア販売統計」、総務省「家計調査」より作成。
注：1）2019年同月を100とした場合の指数。
2）「チェーンストア（畜産品）」は店舗調整前（全店ベース）の数値。
3）「家計支出額（肉類）」は２人以上の世帯の数値。

ド（洋食）の売上高は堅調に推移しているものの、居酒屋やファミリーレストラン（焼き肉）などは緊急事態宣言が発出された2020年４～５月を中心に大きく落ち込んだ。その後、「Go To Eat キャンペーン」の実施や大手居酒屋チェーンの焼き肉店への業態転換などがあったものの、ファミリーレストラン（焼き肉）の売上高は前年対比10.9％減少し、2021年についても22.5％減少している。これに対して、外出自粛に伴う「巣ごもり需要」によって内食が増加し、肉類の家計消費額は堅調に推移し、チェーンストアにおける畜産品の売上も2020年２月以降、一貫して2019年同月比100以上で推移している。

また、新型コロナ禍でインターネットを利用した通信販売が増加したが、和牛など高級食材の価格低迷が報じられるなか、「国産農林水産物等販売促進緊急対策事業」の「品目横断的販売促進緊急対策事業」による配送料の無料化とも相まって、和牛生産者を支援する応援消費や「エシカル消費」が増加するとともに、「地域の創意による販売促進事業」を活用して基準以上の和牛肉を返礼品とする地方自治体が多くみられるようになり、ふるさと納税の寄付も増加した。

さらに、「国産農林水産物等販売促進緊急対策事業」の「和牛肉等販売促進緊急対策事業」を活用した学校給食での和牛肉の消費も増加した。

２）牛肉の供給

牛肉の供給量は旺盛な需要に支えられて2000年まで拡大傾向で推移したが、国内生産量については1990年代半ばで頭打ちとなり、その後は横ばいあるいは漸減傾向で推移し、近年では33万ｔ前後となっている。牛肉の種類別にみると、和牛の生産量は2017年度から増加に転じ、2019年度には15.2万ｔであったが、新型コロナ禍の2020年度には16.1万ｔとなり、国内消費量の約48％を占めるまでになっている。

一方、牛肉の輸入量についても国内でBSEが発生する直前の2000年の73.8万ｔをピークに減少し、2004年には45.0万ｔとなったが、その後は横ばいないしは漸増傾向で推移しており、2019年度には62.3万ｔまで回復した。しかし、

2020年度には新型コロナ禍によって外食需要が減少するとともに、米国において食肉工場の稼働率が低下したことなどから、59.1万ｔに減少している。

3）牛肉の輸出

和牛を中心とする牛肉の輸出は国の輸出促進策もあり、増加傾向で推移し、2019年度には4,034ｔとなった。2020年１月からは輸出先国における新型コロナの感染拡大により輸出量が減少したが、６月以降は大幅に増加し、2020年度の輸出量は5,565ｔと前年の約1.4倍に拡大した。また、輸出単価も国内相場に連動して2020年５～７月にかけて前年比で大きく下落したが、その後回復している（長谷川，2021）。ただし、牛肉の輸出額は2019年の297億円から2020年には289億円に2.7％減少した。

2021年には世界で新型コロナの感染拡大が一時落ち着き、米国等における外食需要が回復したことに加え、小売店向けやEC販売が好調であったことなどから、輸出量は2,314ｔ（62.6％）増の7,879ｔに大幅に伸びている。また、輸出単価についても米国向け輸出が増加したことなどから大幅に高まり、輸出額は248億円（85.9％）増の537億円に輸出量を上回る伸びを示している。

日本食肉流通センター（2022）によると、米国向け冷蔵ロインの輸出量は2020年の427ｔから2021年には843ｔにほぼ倍増し、単価も8,426円/kgから9,587円/kgに上昇しており、輸出は国内の和牛ロインの需給改善に寄与しているという。

4）牛肉の市場取引価格

東京都中央卸売市場における和牛去勢A4等級の枝肉の卸売価格は2019年には2,300～2,500円/kgで推移していたが、新型コロナ禍により2020年２月以降に急落し、４月には1,688円/kgとなった。その後、第４章でみたような「国産農林水産物等販売促進緊急対策事業」や「和牛肉保管在庫支援緊急対策事業」の効果などもあって上昇に転じ、11月には前年並みに回復した。2021年には輸出が拡大したことなどから、新型コロナ禍前の2019年と同水準

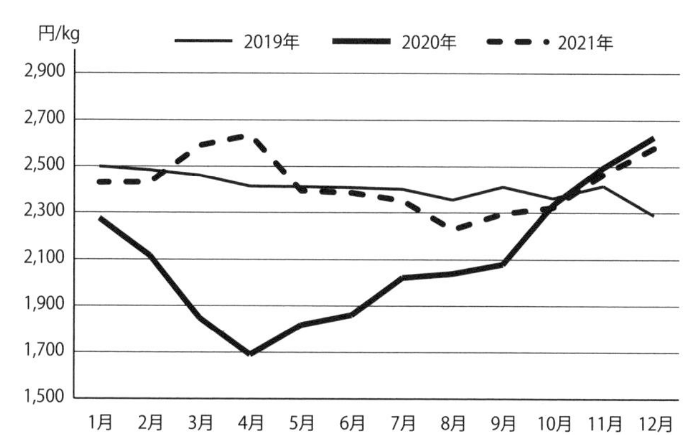

図10-3　東京都中央卸売市場における牛枝肉の卸売価格の推移

資料：東京都中央卸売市場「市場年報」より作成。
注：和牛去勢「A4」規格。

で推移している（**図10-3**）。

このように、全国的には国の消費喚起策や輸出拡大によって和牛の市場取引価格が回復しているが、観光需要の割合が全国平均よりもかなり高く、しかも輸出に対応したと畜施設のない沖縄ではどのように対応したのであろうか。以下では八重山地域のブランド牛である石垣牛の事例についてみていくことにしたい。

3．八重山地域と石垣牛の概要

1）八重山地域の概況

石垣市、竹富町、与那国町の１市２町からなる八重山地域は、琉球列島の西南端に位置している。八重山群島は石垣島、竹富島、黒島、新城島、小浜島、西表島、波照間島、与那国島など大小32の島しょで形成されており、そのうち有人島が12島、無人島が20島である。総面積は591.8km^{2}であり、沖縄県全体（2,271.5km^2）の約４分の１に相当し、西表島（289.3km^2）は沖縄本島に次いで２番目、石垣島（228.9km^2）は３番目に大きな島である。八重山地域は亜熱帯海洋性気候に属し、年平均気温は約24℃と暖かく、周囲を流れ

表 10-2　八重山地域における産業別就業者数（2015 年）

（単位：人、%）

		総数	第 1 次産業				第 2 次産業	第 3 次産業
			計	農業	林業	漁業		
実数	石垣市	22,711	2,075	1,787	14	274	3,114	16,341
	竹富町	2,338	349	316	5	28	112	1,651
	与那国町	1,317	142	104	0	38	544	630
	計	26,366	2,566	2,207	19	340	3,770	18,622
構成比	石垣市	100.0	9.1	7.9	0.1	1.2	13.7	72.0
	竹富町	100.0	14.9	13.5	0.2	1.2	4.8	70.6
	与那国町	100.0	10.8	7.9	0.0	2.9	41.3	47.8
	計	100.0	9.7	8.4	0.1	1.3	14.3	70.6

資料：総務省「2015 年国勢調査」より作成。

表 10-3　八重山地域における農家数（2015 年）

（単位：戸、%）

		総農家	販売農家				自給的農家
			計	主業農家	準主業農家	副業的農家	
実数	石垣市	823	782	303	135	344	41
	竹富町	241	214	123	27	64	27
	与那国町	185	176	45	64	67	9
	計	1,249	1,172	471	226	475	77
構成比	石垣市	100.0	95.0	36.8	16.4	41.8	5.0
	竹富町	100.0	88.8	51.0	11.2	26.6	11.2
	与那国町	100.0	95.1	24.3	34.6	36.2	4.9
	計	100.0	93.8	37.7	18.1	38.0	6.2

資料：農林水産省「2015 年農林業センサス」より作成。

る黒潮の影響により、年間を通して気温の変化は少ない。

総務省「国勢調査」よると、2015年における八重山地域の人口は５万3,405人であり、その内訳をみると石垣市が４万7,564人（全体の89.1％）と９割近くを占めており、竹富町が3,998人（同7.5％）、与那国町が1,843人（同3.5％）である。**表10-2**より産業別就業人口をみると、与那国町では第２次産業が４割を超えているものの、地域全体では第３次産業が７割を占めており、農業の占める割合は8.4％となっている。

表10-3は八重山地域における農家の状況をみたものである。これによると、総農家数は1,249戸であり、そのうち販売農家が93.8％を占め、自給的農家は6.2％にすぎない。また、販売農家のうちでも主業農家の割合がかなり高く、総農家の約38％を占めている。さらに、農業経営組織別農業経営体数につい

表 10-4　八重山地域における牧草専用地の状況（2015 年）

（単位：経営体、ha）

		経営体総数	牧草専用地のある経営体数	経営耕地総面積	牧草専用地面積
実数	石垣市	834	270	3,087	1,295
	竹富町	220	77	1,311	493
	与那国町	184	44	565	222
	計	1,238	391	4,963	2,010
構成比	石垣市	100.0	32.4	100.0	42.0
	竹富町	100.0	35.0	100.0	37.6
	与那国町	100.0	23.9	100.0	39.3
	計	100.0	31.6	100.0	40.5

資料：表 10-3 に同じ。

表 10-5　八重山地域における肉用牛飼養状況（2019 年）

（単位：頭、頭/戸）

	飼養戸数		飼養頭数		1戸当たり飼養頭数
	実数	構成比	実数	構成比	
石垣市	491	73.8	16,058	78.7	32.7
竹富町	137	20.6	3,719	18.2	27.1
与那国町	37	5.6	639	3.1	17.3
計	665	100.0	20,416	100.0	30.7

資料：沖縄県農林水産部「農業関係統計」（2021 年）より作成。
原資料：沖縄県農林水産部「12 月末家畜・家きん等の飼養状況調査」
注：飼養頭数は子牛を除く。

てみると、工芸農作物の単一経営が約45％を占めているが、それに次いで肉用牛の単一経営が約25％と高くなっている。

表10-4は八重山地域における牧草専用地の状況について示したものであるが、牧草専用地のある農業経営体数は391経営体で農業経営体総数の３割以上を占めており、牧草専用地面積は経営耕地総面積の４割に相当する2,010haに及んでいる。

さらに、八重山地域における2019年の農業産出額は1,239億円であるが、肉用牛の占める割合は69.2％とほぼ７割に及んでおり、与那国町では43.7％であるものの、竹富町では80.1％、石垣市でも68.9％と非常に高くなっている。

表10-5は八重山地域における2019年の肉用牛飼養状況についてみたものである。これによると、肉用牛の飼養戸数は665戸であり、そのうち石垣市が約74％、竹富町が約21％を占めている。また、飼養頭数（子牛を除く）は２万頭強であり、そのうち石垣市が約79％、竹富町が約18％を占めている。

1戸当たりの飼養頭数は石垣市と竹富町ではそれぞれ32.7頭、27.1頭と比較的大規模な経営が営まれている。

2）石垣牛の概要と生産・販売状況

石垣島を中心とする八重山郡島で生産されている石垣牛は、2000年に沖縄県で開催された九州・沖縄サミット首脳会合の晩餐会においてメインディッシュとして提供され、全国的に知名度が高まった。JAでは2002年にJA石垣牛を登録商標したのに続き、2008年には地域団体商標を取得した。これにより、それ以降はJAおきなわが「石垣牛」の名称を独占的に使用している[1)]。

温暖な八重山群島では牧草を年間5回程度刈り取ることができることなどから、以前から繁殖経営を中心として黒毛和種の飼養が盛んであったが、近年では繁殖肥育一貫経営も増えている。また、繁殖経営が生産する子牛の価格安定と石垣牛の生産拡大を目的として、JAおきなわが肥育センターを設立し、大規模な肥育経営に取り組んでいる。現在、肥育経営の約8割に相当する43人がJA石垣牛肥育部会に所属し、石垣牛を生産しているが、その会員条件は次のとおりである。第1に、JAおきなわの正組合員であり、2年以上肥育を行い、継続的に肥育を続けることを目的として肥育牛を通年飼育していることである。第2に、JAの肥育事業および枝肉販売事業に賛同し、JA石垣牛定義を厳守して販売出荷する牛すべてをJA窓口を通して販売することである。第3に、石垣牛を守っていくことから、部会の取り決め等に賛同できることである。

また、JA石垣牛定義は次のとおりである。第1に、八重山郡内で生産・育成された登記書および生産履歴証明書を有し、八重山郡内で生後概ね20カ月以上肥育管理された純粋の黒毛和種の去勢および雌牛とする。第2に、出荷期間は去勢で24～35カ月、雌で24～40カ月の出荷範囲内とする。第3に、品質表示は「特選」と「銘産」の2つとし、「特選」は日本食肉格付協会の格付で歩留等級がA・B、肉質等級が5等級・4等級、「銘産」は歩留等級がA・B、肉質等級が3等級・2等級のものとする。これらの条件を満たした枝肉に対してJAおきなわが石垣牛ラベルを発行し、店舗販売業者はこのラベルを表示することができる。

石垣牛は2001年に国内でBSEが発生するまではほとんどが生体で県外へ出荷されていた。しかし、BSE発生直後に枝肉価格が暴落し、部会員のなかには経営を継続できない事例が出始めた。そのため、JAは2004年には県外販売を中止して県内での販売促進を行い、首都圏向けなどJAが認める場合や共励会以外はすべての肥育牛を県内でと畜することにした。その結果、2001年の621頭から2005年には235頭にまで減少していた石垣牛の出荷頭数は、2010年には628頭と2001年の水準を上回るまでに回復した（**図10-5**）。しかも、県内でと畜を行い、八重山地区内を主体に県内の枝肉流通構造を構築したことによって肥育農家だけでなく、県内の卸売、小売、飲食業など牛肉産業の活性化にも大きく貢献した点は特筆される（福田，2011）。

その後も観光客の増加などに伴って石垣牛の需要は高まり、JAおきなわにおける石垣牛の枝肉販売頭数は、2017年には771頭、2018年には754頭にまで増加した。それでも供給が追いつかない状況が続き、2017年と2018年の販売高はともに10億円に達した。2019年には枝肉販売頭数は832頭に増頭したが、

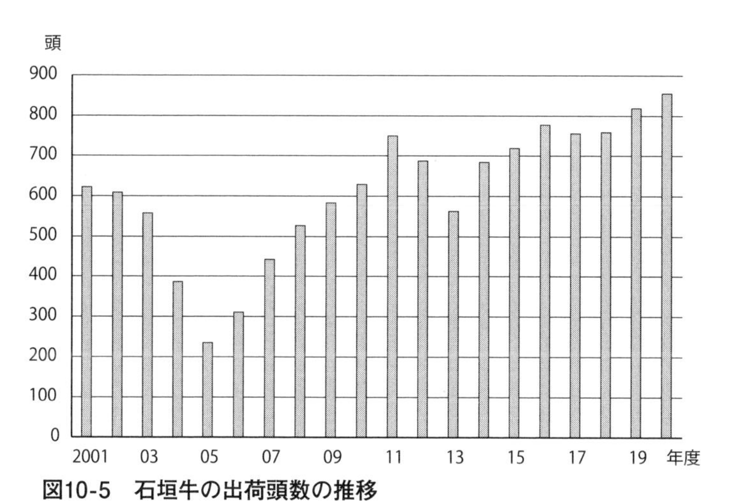

図10-5　石垣牛の出荷頭数の推移

資料：JAおきなわ提供資料より作成。

供給量が大幅に増えたことなどもあり、高値が続いた近年と比べて単価は下落し、販売金額は８億645万円となっている（八重山毎日新聞，2020）。

石垣牛の主な流通ルートは次のとおりである。JA石垣牛肥育部会の部会員が肥育牛を八重山食肉センターに出荷し、そこでと畜・解体される。その枝肉をJAおきなわ八重山地区畜産振興センターが開催する枝肉セリにおいてJAおきなわと売買契約を締結した枝肉購買者（2022年３月現在、13業者）との間で取引され、主に島内の飲食店や精肉店へ渡り、そこで観光客や地元の消費者に提供される。

なお、JAおきなわは半年に１頭程度、外食やホテル事業のほか、海外貿易事業などを営む県内業者を通じて石垣牛を台湾に輸出してきたが、沖縄県内には輸出に対応できると畜施設がなかったことから、石垣牛を九州に送り、熊本畜産流通センターでと畜・解体して輸出している。

４．新型コロナ禍による石垣牛への影響とその対応

図10-6はJA石垣牛の枝肉取引頭数および平均単価を月別に示したものである。2019年からやや安値で推移していた枝肉の平均単価は新型コロナ禍による観光客の激減に伴って2020年３月からさらに低下し始め、政府により緊急事態宣言が発出された４月には前年同月比702円安の2,030円/kg（前年同月対比74.3％）に下落した。そこで、JAおきなわは石垣牛の地元での需要を喚起するために、５月２日にドライブスルー方式の半額セールである石垣牛ドライブスルー販売を行い、500セットを石垣市内で販売した。

さらに、緊急事態宣言の延長などもあって同年５月には前年同月に2,711円/kgであった石垣牛枝肉の平均単価は、1,835円/kg（前年同月比67.7％）にまで暴落した。石垣牛は通常29～30カ月齢で出荷されるが、単価の下落によって出荷できず、30カ月齢以上となった石垣牛が多くみられたことから、JAおきなわは同年５月29日～６月21日まで全国から支援金を募り、返礼品として石垣牛を提供するクラウドファンディングを実施した。当初の目標は

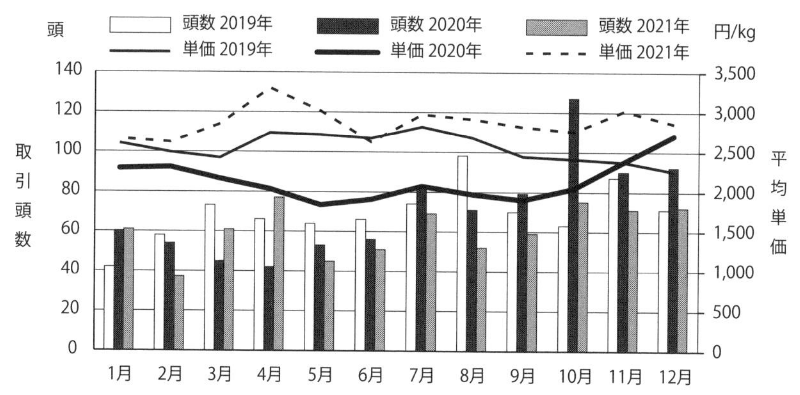

図10-6　JA石垣牛枝肉の月別取引頭数および平均単価の推移

資料：JAおきなわ提供資料および八重山毎日新聞（2021）より作成。

1,000万円であったが、44都道府県から延べ1,141件、約1,789万円の支援が寄せられた。これによって出荷できた石垣牛の頭数は９頭分にとどまるものの、支援者からは「他県のブランド牛と食べ比べをしたが、石垣牛の方が美味しかった」というメールが届くなど、JAおきなわでは全国に石垣牛のブランドが認知されたと実感している。

また、８月からは沖縄県畜産振興公社が事業主体となり、「沖縄県産牛肉学校給食提供促進事業」が沖縄県の事業として実施された。これは前述の国庫事業[2)]を活用し、新型コロナ感染症収束後のインバウンド需要や外食需要等に対応できる生産・供給体制が維持できるように、学校給食対象者１回につき100g/人、食材費1,000円/100g、３回実施を上限として沖縄県内の学校給食に県産和牛肉を提供するとともに、沖縄の子ども達にその美味しさや魅力を知ってもらい消費拡大につなげるために食育活動を実施するという内容である。これによって2021年３月までに県内小中学校、特別支援学校、幼稚園等の420校、約16.2万人に対して、石垣牛を含む約25.4ｔの県産和牛肉が提供された。また、９月から同公社は「県産牛肉フェア」を開催した[3)]。これは新型コロナ禍の影響を受けた和牛肉等の需要喚起を図るため、沖縄県ホテル協会と連携し、県内ホテルにおいて沖縄観光のPRと県産和牛肉のメニューを取り入れたフェアを実施する事業であり、提供される県産和牛肉の一部助成（1,000円/kg）と当フェアにかかる広報（テレビ・ラジオCM、SNS広告、印刷物作成等）を実施するという内容である。実施期間は2021年３月までであり、食肉事業者９事業者、14ホテルを対象とし、計画の2,085kgを大幅に上回る4,576kgの県産和牛肉が提供された。

さらに、JAおきなわは９月７～８日に５月に引き続いて石垣牛のドライブスルー販売を行い、約１万円相当のJA石垣牛特選セット１kg入りを５千円で1,200セット販売した[4)]。その後、10月には国の「Go Toトラベルキャンペーン」に東京都が追加され、入域観光客数がかなり回復するとともに、石垣市が発行したプレミアム付商品券の売れ行きが好調であったことなどから、石垣牛の需要が高まり、12月の平均単価は前年同月を上回る2,703円/kgに回復した。

JAおきなわは2020年については新型コロナ禍で枝肉購買者との取引のみでは厳しい状況が続いたため、JA石垣牛定義で定めている出荷月齢を超過させないように、約200頭の石垣牛を県外へ相対取引で販売するとともに、３頭を台湾へ輸出した[5)]。

石垣市は単価低迷にあえぐ肥育牛経営の支援策として、八重山食肉センターでと畜した牛にかかわると畜費の２分の１を補助する「石垣市と畜費支援事業」を実施した[6)]。また、国の制度である「肉用牛肥育経営安定交付金」（牛マルキン）への上乗せ交付も行った。牛マルキンは標準的生産費から標準的販売価格を差し引いた金額の９割を補てんする制度であり、2020年４～11月が交付対象となったが、残りの１割分について３万円を上限に市が独自交付をしたのである[7)]。さらに、石垣市は「地方創生臨時交付金」を活用し、八重山食肉センターに肉を専門に販売するECサイトを立ち上げ、市内精肉店や生産者のための新たな販路拡大を支援する「石垣市精肉店販路拡大支援事業」を実施した。具体的にはECサイトページや食肉センターホームページの制作費などを補助するものである[8)]。

これらの取組の結果、2020年における石垣牛の販売頭数は852頭と前年に比べて20頭増え、販売額も８億2,250万円と前年を上回った点は注目に値する。しかし、１頭当たり平均重量は前年対比10.5kg増の448.4kg、BMS（牛肉脂肪交雑基準）は前年対比１ポイント増の7.8といずれも前年を上回ったものの、枝肉平均単価は前年比413円減の2,148円/kg（前年対比83.9％）に下落した（八重山毎日新聞，2021）。

JAおきなわでは「持続化給付金」の受付窓口となるほか、前述の「石垣市と畜費支援事業」を行政に働きかけて実現させるなど、部会員の所得確保に向けた支援を行ったが、今後における肥育牛の販売収入に不安を抱き、肥育頭数を減らす部会員も現れた。このような状況のもとで、JAおきなわでは島内はもとより、県内や県外への石垣牛の販路拡大を目指すだけでなく、八重山食肉センターが2020年５月にHACCPを取得したことから、数年後には沖縄から海外へ直接輸出することも視野に入れている。2021年３月にはJAおきなわと同JAが約10年前から取引を行う東京の食肉卸売業者とが連携し、首都圏などへの石垣牛の販路拡大を目的として、高級量販店や専門店、ホテル、外食事業者、通信販売業者など30団体で構成する石垣牛流通協議会が設立された。今後、行政とも連携しながら、フェア開催や統一マークの使用などで知名度向上や消費拡大に取り組むことにしている（琉球新報，2021）。

また、JAおきなわは肥育部会員、枝肉購買者と協議し、セリ価格の安定による肥育頭数の維持を目的として、2021年２月から等級ごとに枝肉セリでのスタート価格である「打ち出し値」を決める最低売買価格を導入した。さらに、同年11月には等級ごとの評価に加えてBMSの値を価格に反映する最低売買価格の改定を行っている。

さらに、JAおきなわや行政、肥育部会、枝肉購買者などの９つの関係機関で組織するJA石垣牛銘柄推進委員会では2018年４月から「JA石垣牛取扱店認定制度」を実施しているが、2021年４月に『JA石垣牛取扱認定店ガイドブック』を発行し、消費喚起を図っている。

これらの取組によって2021年における石垣牛の販売頭数は730頭に減少し

たものの、平均単価は大幅に高まり、販売金額は2019年を上回る８億7,738万円となっている。

5．おわりに

新型コロナ禍によりインバウンドを含む外食需要が減少し、和牛の取引価格が低下して生産者や産地は大きな影響を受けたが、国の消費喚起策や輸出の拡大などにより和牛の取引価格は回復した。

しかし、観光需要の割合が高く、しかも輸出に対応したと畜施設のなかった沖縄ではこれらのみでは対応が困難であり、八重山地域のブランド牛である石垣牛についても例外ではなかった。

そこで、JAおきなわはドライブスルー販売によって地元での消費を喚起するとともに、クラウドファンディングを活用して全国の消費者に支援を求めた。また、石垣市はと畜費の支援や牛マルキンの上乗せ交付などによって生産者の所得確保を図るとともに、ECサイトの開設を支援し、生産者や流通業者の販売を後押しした。沖縄県畜産振興公社は沖縄県と連携するなどして国の事業を活用し、学校給食やホテルでの和牛肉の消費拡大を図った。さらに、JAおきなわは首都圏を中心とする県外への販売を一時的に大幅に増やすことによって2020年末には販売単価を回復させた。

2021年には地域内の枝肉セリに最低売買価格を導入することによって取引価格を安定させるとともに、東京の食肉卸売業者と連携して石垣牛流通協議会を設立し、首都圏での販売を拡大することによって2019年の販売金額を上回ることに成功している。

BSE発生後の危機に際してはJAが主導して地域内での流通構造を構築し、関係者の連携を深めて地域活性化に寄与してきたが、その後はブランド化を進めながら、増産を図り、首都圏など県外出荷を徐々に拡大してきた。このような販路拡大の取組が新型コロナ禍を契機として加速しており、今後の展開が注目される。

注

1）石垣島では「石垣牛」以外にも「美崎牛」や「KINJO BEEF」などのブランド牛がある。
2）事業名称は「国産農林水産物等販売促進緊急対策事業」のうち「和牛肉等販売促進緊急対策事業」の「学校給食提供推進事業」である。
3）上記2）と同じ「和牛肉等販売促進緊急対策事業」を活用しているが、そのうちの企画公募型事業である「観光業と連携した観光キャンペーンの取組支援」となっており、沖縄県畜産振興公社が応募して採択された事業である。
4）当初は引換券を2020年9月11日までの5日間販売する予定であったが、2日間で完売した。なお、5月と9月の石垣牛ドライブスルー販売には沖縄県畜産振興公社が広告宣伝費を助成している。
5）JAおきなわによると、石垣牛の出荷先は2019年には島内が約8割を占めていたが、2020年には約6割となっている。
6）これは2020年度補正予算に計上して同年6月にさかのぼって実施しており、実績額は約1,727万円である。
7）決算額は約680万円であり、26経営の406頭分が対象となった。
8）事業費は198.5万円である。

参考文献

福田晋（2011）「地域に密着した『石垣牛』のブランド化戦略」『畜産の情報』2011年7月号：53-61
長谷川晃生（2021）「コロナ禍における和牛需給と産地対応」『農林金融』74（8）：2-14
日本食肉流通センター（2020）『食肉流通実態調査事業報告書Ⅱ』
日本食肉流通センター（2021）『コロナ禍の食肉をめぐる状況（2022年2月報告）』
琉球新報（2021）2021年3月5日付「石垣牛を全国区に　流通協議会設立　30団体結束」
八重山毎日新聞（2020）2020年1月11日付「JA石垣牛枝肉初セリ　4等級以上は12頭　1キロ平均2300円」
八重山毎日新聞（2021）2021年1月6日付「キロ単価413円減の2148円　新型コロナ禍で需要低迷」

（内藤 重之）

終章

総括

1．新型コロナ禍による食生活・食料消費の変化と農業への影響

1）食生活・食料消費の変化

世帯における2020年の食料消費支出についてみると、新型コロナ禍により外食への支出金額が減る一方、食料品への支出金額が増えたが、都市階級別にみると、外出自粛が長期にわたった大都市においてそれがより顕著であり、肉類や乳卵類、油脂・調味料などの消費が他の都市階級よりも伸びていた。また、世帯形態別にみると、２人以上世帯と単身世帯では酒類の変化が逆になるなど、増減の様相が大きく異なっていた。さらに、２人以上世帯における世帯主年齢階層別にみると、高齢者層では全面的に外食の利用を避けていたとみられるのに対し、若年層ではテイクアウトやデリバリーを取り入れながら、外食をある程度利用していることがうかがえた。

このように、統計分析の結果、新型コロナ禍に伴う食料消費の変化は居住地域や世帯形態、世帯主年齢階層によって一様ではないことが明らかになった。

また、関東地方の子育て世帯への調査の結果、新型コロナ流行下における強制的・自主的な行動制限を反映した生活スタイルの変化が食生活の変化の主な要因であることが示唆された。そのため今後、行動制限がさらに緩和していけば、外出・外食の代わりと位置づけられている嗜好品等の購入が減少するなど、より以前の食生活に近くなると考えられる。Sheth（2020）は「新型コロナ終息により消費者のほとんどの習慣は元どおりになる」「より便利な選択肢を発見した場合は以前の習慣に取って代わる」と指摘しているが、

食品の購買行動や調理・喫食行動にも適用できそうである。

ところで、新型コロナ禍は私たちの行動様式や社会を根本的に変革した部分もあるが、これまで徐々に進行してきた動きを一気に加速化させた部分も少なくない。食料消費行動に関するその典型例が「食の簡便化」とインターネットによる食料品の購入である。とりわけインターネットを利用した食料品の購入は新型コロナの感染が拡大した2020年４月以降、急速に拡大しており、このような傾向は今後とも続くものとみられる。

2）農業への影響とその対応

新型コロナ禍によってインバウンドを含む外食需要やイベント需要などが低迷したことなどから、販路の縮小や価格の低下によって多くの農業経営において売上が減少している。その一方で、新型コロナ禍による「巣ごもり需要」や「おうち時間」の増大によって売上が増加した品目もみられる。その典型例が豚肉であり、全国的にみると養豚ではプラスの影響がみられる経営が多い。しかし、沖縄県ではブランド豚であるアグーの消費が減少し、売上が低迷していることから、外食需要が大きい高級食材や地域特産物を生産する農業者は新型コロナ禍の影響を大きく受けているものとみられる。

日本政府は近年、TPP（環太平洋連携協定）をはじめとする大規模なFTA（自由貿易協定）・EPA（経済連携協定）を次々に締結し、重要品目を含む食料・農産物の輸入自由化を進めるなかで、６次産業化の推進と輸出の拡大を政策の柱に据えてきた。ところが、新型コロナ禍によって６次産業化の事業のなかでもとくに農家レストランや農泊、観光農園などサービス事業に取り組む農業経営が大きな影響を受けている。とりわけ観光需要が大きい沖縄県ではそれがより顕著であるだけでなく、加工・直売に取り組む農業経営もかなりの影響を受けており、大規模な投資を行っている経営ほど大きな打撃を受けているとみられる。また、全国的には概ね好調であった農産物直売所についても沖縄県内では観光客の減少による影響が大きい店舗がみられる。さらに、農商工連携についても沖縄土産の定番となっている紅イモ菓子の売上が大きく落ち込むなかで、菓子製造業者は連携する生産者からの原料調達を維持するように努めたが、スポット的な取引を行っている生産者は販路の確保に苦労したものとみられる。

このような状況のもとで、6次産業化、農商工連携に取り組む経営や農産物直売所では新しい商品やサービスを開発したり、インターネット通販に注力したりするほか、顧客の対象を観光客重視から地元客重視に転換するなどの対応策を講じていた。また、石垣牛の産地では国内でのBSE発生後には県外出荷をやめて地域内流通に切り替えていたが、首都圏を中心に全国展開することによって売上確保を図っていた。

また、国や地方自治体は新型コロナ禍の影響を受けた食料・農産物の消費喚起策や輸出促進策などさまざまな支援策を講じている。その成果が表れ、かなり単価が回復して売上が戻ってきている業態がみられる。その代表的なものが和牛肉を生産する肉用牛経営である。また、春の需要期が新型コロナ感染拡大の第1波と重なり、大打撃を受けた切花についても国際線の減便による切花輸入の減少とあわせて、消費喚起策や「高収益次期作支援交付金」などの行政支援によって経営状況が改善している経営が多い[1)]。さらに、事業継続に向けた支援策などは農業経営の継続に大きく寄与しているものとみられる。とはいえ、新型コロナ禍に伴う売上の減少を十分にカバーできている農業者はそれほど多くないとみられる。しかも、新型コロナ禍によるサプライチェーンの混乱に、円安やウクライナ危機が拍車をかけ、生産資材の価格が高騰しており、ほとんどの農業者は収益性が低下していると考えられる。とくに多くを輸入に依存する飼料や肥料、燃油の価格高騰が顕著であり、なかでも飼料費が経営費の多くを占める畜産の経営は厳しさを増している[2)]。

2．ポストコロナ社会の食料・農業・農村をめぐる課題と展望

1）インターネットを活用した販路と「エシカル消費」の拡大

新型コロナ禍の状況のもとで、インターネットを利用した食料品の購入が

急速に拡大し、このような傾向は今後とも続くものとみられる。しかし、日本政策金融公庫（2021）によると、調査に回答した農業者のうちの６割近くが「インターネットを用いた販売に関心がない」と回答しており、農業者自身によるインターネット販売は現状ではそれほど伸びていないことが示唆される。第５章や第６章でみたとおり、６次産業化に取り組む経営ではインターネット利用による通信販売が売上の確保に大きく貢献していることから、今後は農業者自身もインターネットを利用した販売に取り組むことが売上の増大やリスク分散に有効であると考えられる。

また、インターネット利用の拡大とも関連して、今般の新型コロナ禍のもとで注目すべき動向として、応援消費の広がりが挙げられる。第１章でみたとおり、リクルートライフスタイル（2020）によると、新型コロナ禍により影響を受けた生産者への応援消費の経験者は４分の１近くを占め、今後行いたいとする人は過半数に達している。ただし、応援消費を行った人の利用動機の第１位は「サービス価格や特典など消費者側にもメリットのある価格だった」である。値引き販売や増量サービスなどのほか、国の支援事業などによる送料無料も応援消費を後押ししたものと考えられる。応援消費は東日本大震災の際に注目され、今般の新型コロナ禍で再び注目されるようになったが、今後は価格面のメリットがなくても地域の活性化や雇用などを含む人・社会・地域・環境に配慮した消費である「エシカル消費（倫理的消費）」をいかに伸ばしていけるかが課題となる。とりわけ観光客をはじめとする「交流人口」が多い地域では、「交流人口」との関係性をさらに深め、それらの人々を「関係人口」にまで育て上げるなどして、エシカル消費を行うリピーターを増やすことが重要であるといえよう。

ところで、新型コロナ禍において企業等においてもオンラインによるリモート会議や商談が増加した。これは大都市だけでなく、地方都市への出張など旅行者の減少をもたらし、それに伴って宿泊や飲食等も減少することから、地域経済へ影響を及ぼすことになり、食材や土産物の原料を供給する地域の農業者や６次産業化に取り組む事業者にも影響を与えるかもしれない。しかしその一方で、農商工連携に取り組むＣ社の会長が述べているとおり、リモートでの商談の拡大は農商工連携や６次産業化に取り組む事業者などが農村や地方都市にいながらにして、海外や首都圏をはじめとする大都市などの食品関連事業者等に商品やサービスを売り込むことができ、商機が広がる可能性も有している。

2）事業の多角化と販売チャネルの多様化によるリスク分散

今般の新型コロナ禍では多くの農業者が打撃を受けた。なかでも対面サービスを行う６次産業化の事業に取り組む農業経営が大きな影響を受けたが、このようなリスクに備えて事業の多角化や販売チャネルの多様化に取り組むことが重要であろう。

６次産業化に取り組む事業者の多くは地域内での販売やサービス提供が主流であると考えられる。しかし、わが国は「災害列島」といわれるように自然災害が多く、しかも近年では大規模な豪雨災害等が頻発している。さらに、今般の新型コロナだけでなく、同じくコロナウイルスの感染症であるSARSやMERS、新型インフルエンザのような動物起源の感染症も増えている。今後もこのような自然災害や感染症の流行が懸念される状況のもとで、観光客等の旅行者を対象とした販路に多くを依存していては、経営が危機に陥るリスクが大きい。そのため、第５章において事例分析の対象とした経営の取組のように、地元の消費者や実需者向けの商品・サービスの提供を重視することや、前述のとおりインターネット等を活用した通信販売やサービスにも力を入れるなど多様な販路を保持し、リスク分散を図ることが重要であると考えられる。

また、事業を多角化することによってリスク分散だけでなく、収益の拡大やシナジー効果、経営資源の有効活用が期待でき、範囲の経済性が得られる場合も多い。さらに、プロダクトライフサイクルと呼ばれる導入期→成長期→成熟期→衰退期と変化していく製品の寿命に対応することも可能になる。総務省（2019）でも６次産業化事業の進捗が順調と考えられる事業者の割合は取組事業数が多くなるほど高いことが指摘されている。過剰投資や経営が非効率にならないように留意しながら、ウィズコロナ・アフターコロナに向けて事業多角化を進めていくことが重要であろう。

3）多くの農業者にとっての安定した販売先の確保

第８章でみたとおり、卸売市場が島内にないなど販路が狭隘な離島では農産物直売所が新型コロナ禍により販路が縮小した農業者にとって“最後の砦”ともいうべき重要な機能を果たしていた。沖縄県内以外でも中山間地域などでは同じような役割を果たしている農産物直売所が少なくないと考えられる。

また、第９章では農業者が農商工連携に取り組むことは、新しい商品の開発・提供や販路開拓のみならず、不測の事態においても販路を維持するうえで有効であることが示唆された。

さらに、本書では十分に検討できなかったが、新型コロナ危機下においても生鮮農水産物の供給に混乱が生じなかった最大の要因は、全国各地にある卸売市場において通常どおり日々の取引が行われたことである[3)]。市場外流通の割合が高まっているとはいえ、依然として国産の生鮮農水産物の８割以上が卸売市場を経由しているとみられるが、国内生産の縮小などにより地方卸売市場が減少するとともに、中央卸売市場も2018年の卸売市場法の抜本的な改定によって公共性の後退が懸念されるとともに、施設の老朽化が進んでいるところが少なくない。６次産業化に取り組むことができる農業者は限られており、多くの農業者にとって卸売市場や農産物直売所は重要な出荷・販売先となっているだけでなく、農商工連携も安定した販路を確保するうえで重要な取組であることから、これらの施設の整備や取組の維持・発展を図ることが農業者を守り、国民の豊かな食生活を維持するうえで重要である。

4）食料安全保障と食料主権の確立

2020年３月の一斉休校や同年４月からの緊急事態宣言の期間には米やパスタ、小麦粉、ホットケーキミックス等が一時店頭で欠品や品薄となる事態が生じ、食料安全保障への懸念が広がった。近年では主要な穀物や大豆等の農産物が世界的に豊作傾向であったこと、わが国の主要輸入相手国において輸出規制が行われなかったことなどから、わが国の食料・農産物の輸入に大きな混乱はなく、食品の欠品や品薄は間もなく解消され、事なきを得た。しかし、新型コロナ禍とロシアのウクライナ侵攻によるフード・サプライチェーンの混乱および食料価格の高騰は、開発途上国を中心とする世界中の多くの人々の食料消費に大きな影響を及ぼすようになっている。

このような状況のもとで、WTO閣僚会議では2022年６月17日に「WTOルールに則さない輸出規制を実施しない」ことに加盟国が合意し、「食料安全保障の不安への緊急対応についての閣僚宣言」を採択した（農業協同組合新聞電子版，2022）。

また、わが国でも相次ぐ食品価格の値上げによる物価上昇が社会問題化しつつあるだけでなく、資材価格の高騰が農業経営の維持・存続に大きな影響を及ぼすようになっていることから、日本政府も2022年６月21日に「農林水産業・地域の活力創造プラン」を改訂し、新たに食料安全保障を柱に据え、物価高対策を講じつつ、中長期的に資材の安定確保、小麦や大豆などの増産を進めるとともに、食料の安定供給に必要な総合的な対策の構築に着手することを表明した（日本農業新聞，2022）。ここで示された資材価格の高騰対策の実施や小麦、大豆、飼料作物の増産を図ることはもちろんのこと、農業担い手の不足や高齢化など弱体化が進む生産基盤の抜本的な強化を図ることがぜひとも必要であろう。さらに、新型コロナ禍によって食品製造業者等では輸入農産物から国産に切り替える動きがみられるが、これらを後押しするための施設整備を進めていくことなども重要であろう。

また、日本国内において食料品の価格が上昇しているなか、政府が多額の税金をつぎ込んで、食料・農産物の輸出拡大を図っていることに疑問を感じている国民が少なくないとみられる。しかし、新型コロナ禍による外食需要の減少に伴い、和牛肉は在庫が増え、価格が暴落したものの、国内の消費喚起策とあわせて、輸出促進策を講じたことによって在庫が減り、価格が回復するなど、輸出が需給調整の役割を果たした。さらに、平時に輸出を増やしておけば、国内で不作になったり、輸入が途絶えたりした場合でも、それを国内消費に振り向けることができ、食料安全保障にも役立つ可能性があることも見逃せない。

ところで、2020年に閣議決定された「食料・農業・農村基本計画」では従来の計画と同様に、カロリーベースで37%にすぎない食料自給率を2030年までに45%に引き上げる目標が掲げられている。しかしこの間、食料自給率は下がり続けているだけでなく、政府はTPPをはじめとするメガFTA・EPAを相次いで締結し、さらなる輸入自由化を推し進めてきており、計画に逆行しているといわざるを得ない。開発途上国を中心として多くの人々が食料価格の高騰にあえぐなかで、高温多湿な気候条件に恵まれているわが国が外国から大量の食料・農産物を買い続けることは飢餓を輸出するようなものであり、これはフードマイレージやバーチャルウォーターなど環境面の観点からも問題があることから、持続可能な社会の構築にも反する行為である。

現在では食料・農産物についても工業製品と同様に、輸入自由化を進めることが世界の潮流となっているが、WTOの前身ともいうべきGATT（関税および貿易に関する一般協定）でも当初は各国のさまざまな気候風土の影響を受け、各国の条件に適応しながら営まれてきた農業は例外扱いされていた。今こそ、その原点に立ち返り、食料・農産物については輸入自由化の例外扱いとし、各国の食料主権を守ることを日本政府が先頭に立って訴えていく好機である。多国籍企業の利益拡大を保障する貿易自由化の推進ではなく、国内農業の存続・発展と食料の安定確保を望む多くの国々や組織と協力・連携して、各国の食料主権を保障する貿易ルールの確立を求めていくことが今まさに重要であるといえよう。

5）転機を迎えた東京一極集中と田園回帰

本書では十分に検討できなかったが、新型コロナ禍のもとで「田園回帰」の動きが注目される。新型コロナ危機がこれだけ急速に拡大した背景にはグローバル化、大都市への人口集中などがある。日本政府はこれまでグローバル化・効率化一辺倒の「経済成長戦略」「選択と集中」政策とあわせて、「地方創生」政策では大都市への経済機能や行政機能、人口集中を追求してきたが、これが感染リスクを大都市圏で高めることになった（岡田, 2021）。このことから、これらを見直す動きがあり、「田園回帰」が注目されているのである。東京都では2013年７月以降、転入超過が続いていたが、2020年５月には約７年ぶりに転出超過となり、さらに７月以降には転出超過が続いた。また、2020年における３大都市圏の転入超過数は８万1,738人で、前年に比べ４万7,931人も縮小したが、2021年も転入超過は６万5,873人にとどまり、前年に比べて１万5,865人縮小している（総務省統計局, 2021, 2022）。さらに、東京圏居住者を対象とする内閣府の調査によると、地方移住に「強い関心がある」「関心がある」「やや関心がある」との回答割合は2019年12月の調査では合計で25.1％であったが、１度目の緊急事態宣言が発出された2020年５月には30.2％に高まり、直近の2021年９～10月調査では34.0％にまで上昇している。なかでも20歳代ではその割合が44.9％と半数近くに達している点は注目される。地方移住への主な関心理由は「人口密度が低く自然豊かな環境に魅力を感じたため」（31.5％）、「テレワークによって地方でも同様に働けると感じたため」（24.5％）などである（内閣府, 2021）。豊かな自然に恵まれた、ゆとりのある時間と空間のなかで、生活や子育てをしたいと考えている若者は多いとみられるが、これまで地方都市や農村では仕事がないことが問題視されてきた。しかし、新型コロナ禍によるテレワークの広がりに伴い、長時間をかけて都心に通勤しなくても仕事ができることが実証された意義は大きいといえよう。同調査では実際に移住先での住宅や就職の情報を調べたり、移住に向けて家族と具体的な相談をしたりするなどの行動をとった人も少なくない。農山村ではこれら移住に関心のある人々をいかに呼び込み、地域づくりや農業の担い手確保につなげられるかが今後の課題であるといえよう。

ところで、新型コロナ禍において趣味などとして家庭菜園をはじめた人も多い。タキイ種苗が2020年７月と2021年７月にいずれも全国の20歳以上の男女600人を対象に実施したインターネット調査によると、家庭菜園で野菜などを育てている人のうち約３割がその年の春から家庭菜園を始めているだけでなく、2021年の調査では家庭菜園実施者のうち本格農業実践者（庭付き住宅への引っ越し、新たな畑の購入または借入、耕運機の購入のいずれかをした人）が20.3％にのぼっている。また、家庭菜園で野菜を作ってみて感じたこととして、89.2％もの人が「農家・生産者のすごさを感じた」との項目に「あてはまる」（52.1％）または「ややあてはまる」（37.1％）と回答している点は注目される（タキイ種苗，2020，2021）。

新型コロナ禍のもとで家庭菜園をはじめた人々のなかから新規就農者や援農者が現れるとともに、家庭菜園を通じて農業への理解が醸成され、地産地消や国産国消が広がることを期待したい。

今般の新型コロナ禍の教訓を踏まえれば、ポストコロナ社会の目指すべき方向性は東京一極集中による経済効率最優先の社会ではなく、空間的にも時間的にもゆとりのある豊かな生活を実現できるような地方分散による住民生活最優先の社会であるといえよう。そのためには都市住民と農業者が連携して都市農業を維持・存続させる取組を充実させるとともに、農村においては地域資源を最大限に活かしながら、６次産業化や農商工連携の取組を推進し、食料やエネルギーの自給率が高い地域経済循環型の社会を実現していくことが重要であろう。

注

１）2021年４月に沖縄県花卉園芸農協とJAおきなわに実施したヒアリング調査によると、2020年の春には卸売市場における取引価格が低迷し、日本一の小ギク産地である沖縄県内でも切花の一部を廃棄処分にしたが、それ以降は単価が回復し、2021年春には高値で推移したこと、国や沖縄県による行政支援があったことなどから、切花生産者の経営状況は概ね改善している。

２）たとえば、中央酪農会議が全国の酪農家197人を対象に2022年６月９～14日に実施したアンケートの結果によると、過去１年間に「経営に困難を感じた」との回答が92.4％、現在「経営が悪化している」との回答が97.0％にのぼっている（農業協同組合新聞，2022）。

３）新型コロナ禍における卸売市場の対応についての論考として、藤島（2021）、上田（2021）などがある。

参考文献

藤島廣二編（2021）『コロナ禍による経済的変化と対処方策　コロナ禍下・後の市場流通のあり方を考える』筑波書房

内閣府（2021）「第４回新型コロナウイルス感染症の影響下における生活意識・行動の変化に関する調査」（https://www5.cao.go.jp/keizai2/wellbeing/covid/pdf/result4_covid.pdf）

日本農業新聞（2022）2022年６月22日付「活力創造プラン改訂　食料安保農政の柱に」

農業協同組合新聞（2022）2022年６月20日号「酪農存続の危機　９割超『経営難』実感　直近１カ月『赤字』65.5％」

農業協同組合新聞電子版（2022）2022年６月20日付「ルールに則さない輸出規制『実施しない』 WTO閣僚会議で合意」（https://www.jacom.or.jp/nousei/news/2022/06/220620-59693.php）

岡田知弘（2021）「コロナ禍と地域・自治体」岡田知弘編著『コロナと地域経済』自治体研究社

リクルートライフスタイル（2020）2020年11月18日付「Press Release　飲食店や生産者の支援が目的『応援消費』の意識・実態を調査（2020年10月実施）」（https://www.recruit.co.jp/newsroom/recruitlifestyle/uploads/2020/11/RecruitLifestyle_ggs_20201118.pdf）

Sheth, J.（2020）Impact of Covid-19 on consumer behavior: Will the old habits return or die?, Journal of business research 117：280-283

総務省統計局（2021）「住民基本台帳人口移動報告　2020年結果」（https://www.stat.go.jp/data/idou/2020np/jissu/youyaku/index.html）

総務省統計局（2022）「住民基本台帳人口移動報告　2021年結果」（https://www.stat.go.jp/data/idou/2021np/jissu/youyaku/index.html）

タキイ種苗（2020）「８月31日は【野菜の日】！『2020年度 野菜と家庭菜園に関する調査』」（https://www.takii.co.jp/info/news_200821.html）

タキイ種苗（2021）「８月31日は【野菜の日】！『2021年度 野菜と家庭菜園に関する調査』」（https://www.takii.co.jp/info/news_210819.html）

上田遥（2021）「緊急事態下における中央卸売市場と公共性―新型コロナウイルス感染症への対応力と規定要因―」『フードシステム研究』28（3）：160-171

（内藤 重之）

あとがき

2020年10月に日本農業市場学会副会長の藤田武弘氏から翌2021年7月に開催される学会大会のシンポジウムにおいて、新型コロナ禍によって観光需要や都市農村交流の機会が激減しており、それに伴って影響を受けている食料や農業、農村の状況を実態分析に基づいて報告してくれないかという依頼を受けた。新型コロナ禍という未曽有の危機に対して研究者として何ができるだろうかと考えていたところであったため、その依頼を引き受けることとした（その成果は内藤重之（2021）「新型コロナ禍による観光・交流機会の減少が食料・農業・農村に及ぼす影響」『農業市場研究』30（3）：47-61として公表済みである）。

新型コロナ禍による観光需要や交流機会の減少に伴ってより大きな影響を受けているのは、沖縄県のなかでも宮古や八重山などの離島であり、その実態調査にはある程度の旅費が必要となるため、公益財団法人江頭ホスピタリティ事業振興財団の研究開発助成事業に応募したところ、採択していただいた。研究助成をしていただいた公益財団法人江頭ホスピタリティ事業振興財団ならびに明石博義理事長、宮浦恭子理事・事務局長をはじめとする同財団の役職員の皆様に厚くお礼申し上げる。

この事業費で新型コロナ禍による食料・農業・農村への影響について調査研究を行うことを卒論ゼミで4年次の学生に伝えたところ、多くの学生から卒業論文でそれらに関する調査研究に取り組みたいとの意向が示された。そこで、研究室ぐるみで新型コロナ禍による食料・農業への影響に関する調査研究を行うことになった。本書の第2章、第6章、第8章は学生の卒業論文をベースとして、教員がその後に補足調査や統計分析を加え、修正したものである。

また、新型コロナ禍による食生活への影響に関する分析が不足していたことから、農業・食品産業技術総合研究機構の山本淳子氏に協力要請し、第3

章を執筆していただくことにした。

主に実態調査に基づく本書は、調査にご協力いただいた多くの方々の親切なご教示と資料提供なくしては決して成り立ち得なかった。お世話になった多くの皆様に、この場をお借りして感謝申し上げる。

さらに、出版事業が厳しいなか、本書の出版を快くお引き受けいただいた筑波書房の鶴見治彦社長にも謝意を表したい。

2022年夏至の陽光まぶしい琉球大学の研究室にて

内藤 重之

追記

本書の原稿を入稿してから初校までの間の2022年７月19日に、伊江島観光協会の元専務理事で、長年にわたって民泊担当の責任者を務められた小濱豊光氏がご逝去された。同氏には2009年にはじめて２泊３日の農村調査実習を受け入れていただいて以降、何度も教育・研究のサポートをしていただいた。大学関係者以外では私が沖縄県内で最もお世話になった方であり、最も信頼していた方でもあった。小濱豊光氏のご冥福をお祈りするとともに、本書を同氏に捧げたい。

執筆者紹介

〈編著者〉
内藤　重之（ないとう　しげゆき）
1967年、岡山県生まれ
琉球大学農学部　教授
主著：『流通再編と花き卸売市場』農林統計協会（2001年、単著）
『学校給食における地産地消と食育効果』筑波書房（2010年、編著書）
『そばによる地域創生—そばの生産・流通と６次産業化・農商工連携—』筑波書房（2017年、編著書）
『現代の食料・農業・農村を考える』ミネルヴァ書房（2018年、編著書）

〈執筆者〉
河村　昌子（かわむら　しょうこ）
1999年、沖縄県生まれ
2022年、琉球大学農学部卒業

杉村　泰彦（すぎむら　やすひこ）
1971年、香川県生まれ
琉球大学農学部　教授

山本　淳子（やまもと　じゅんこ）
1973年、大阪府生まれ
農業・食品産業技術総合研究機構企画戦略本部　ユニット長

川間　琉太郎（かわま　りゅうたろう）
1998年、沖縄県生まれ
2022年、琉球大学農学部卒業

芥川　舞衣（あくたがわ　まい）
1999年、沖縄県生まれ
2022年、琉球大学農学部卒業

コロナ禍の食と農

2022年9月16日　第1版第1刷発行

編著者◆内藤 重之
発行者◆鶴見 治彦
発行所◆筑波書房
東京都新宿区神楽坂2-16-5　〒162-0825
☎03-3267-8599
郵便振替 00150-3-39715
http://www.tsukuba-shobo.co.jp

定価はカバーに表示してあります。

印刷・製本＝平河工業社
ISBN978-4-8119-0636-2　C3061